# 中華人文古樹

国家林业局森林病虫害防治总站 编

中国林业出版社

**图书在版编目（CIP）数据**

中华人文古树/国家林业局森林病虫害防治总站编 .
-- 北京：中国林业出版社，2015.12
ISBN 978-7-5038-8341-5

Ⅰ . ①中… Ⅱ . ①国… Ⅲ . ①树木 – 介绍 – 中国
Ⅳ . ① S717.2

中国版本图书馆 CIP 数据核字（2015）第 314646 号

**策划编辑：**徐小英
**责任编辑：**徐小英 赵 芳
**封面设计：**风 谷

---

**出版** 中国林业出版社（100009 北京西城区德内大街刘海胡同 7 号）

http：//lycb.forestry.gov.cn 电话：（010）83143515

E-mail：forestbook@163.com

**制版** 北京八度出版服务机构

**印刷** 北京中科印刷有限公司

**版次** 2016 年 6 月第 1 版

**印次** 2016 年 6 月第 1 次

**开本** 889mm×1194mm 1/16

**印张** 14

**字数** 489 千字

**定价** 260.00 元

# 《中华人文古树》编写组

| | | | | |
|---|---|---|---|---|
| 顾　　问 | 梁　衡 | 柳忠勤 | 邹学忠 | |
| 主　　编 | 李青松 | | | |
| 副 主 编 | 曲　苏 | 孙玉剑 | 李计顺 | |
| 编　　者 | 郭　瑞 | 唐　健 | 邹清池 | 张安蒙 | 颜昌续 |
| | 王玉琳 | 黄三翔 | 张　颖 | 刘玉芬 | 范俊秀 |
| | 冯世强 | 高立军 | 周　琳 | 成　聪 | 陈蔚诗 |
| | 丁德贵 | 黄炳荣 | 魏　彬 | 乔显娟 | 鄢广运 |
| | 阳金华 | 潘布阳 | 刘建锋 | 秦玉莲 | 严　洁 |
| | 刘日发 | 刘思源 | 李有忠 | 赵　龙 | 张　鹏 |
| | 李志强 | 肖琳清 | | | |

# 前　言

　　我国古树资源丰富，据统计达280万株以上。众多的古树点缀在林间溪畔、宅侧村旁和古刹寺庙，挺拔的干，绿色的叶，色彩斑斓的花，恰似一幅幅天然画卷，于静寂中彰显生机，巍峨中充满灵动，诠释着人与自然与生俱来的美妙和谐。

　　古树被称作"绿色文物""地上活化石"，是自然界和前人留给我们的珍贵遗产，见证了中华民族数千年的风云变幻和人世沧桑，镌刻着中华民族悠久的历史、灿烂的文化。走近古树，人们会深深地惊讶于古树千姿百态的神奇造化；阅读古树，人们会在灵魂深处折服于它经久不变与逆境抗争的顽强品格。特别是源自古树的人文故事，多角度展示着民族性格、民族精神和民族文化，让亲历者在不经意间对古树肃然起敬，借古树生发出无限的民族自豪感，更寄托着以古树为依托创造美丽的无限遐想。

　　古树是风景，吸引人们驻足观赏；古树会讲故事，传承着人类文明……

　　叶坪古樟树上的炸弹，告诉人们这里曾经发生过短暂而惊心动魄的一瞬间，正是面临生死危机时刻的异常抉择，映射出世纪伟人毛泽东临危不惧、气定神闲、藐视困难、充满自信的非凡气质，让人们对这棵古樟充满敬意，并留下永恒的记忆……

　　先有潭柘寺，后有北京城。北京潭柘寺内古老的银杏树又叫"帝王树"，种植于唐贞观年间。据说清朝每有新皇帝登基，此树即从根部生出一新干，久之即与老干合拢。神奇的是，每有皇帝驾崩，"帝王树"就会有一根树枝折断。20世纪60年代初，已是普通公民的爱新觉罗·溥仪到潭柘寺游玩时，曾手指"帝王树"东北侧一根未与主干相合的侧干，调侃说："这根小树就是我，因为我不成材，所以它才长成歪脖树。"

　　"问我祖先来何处？山西洪洞大槐树。"明朝初期，为医治战乱创伤，从当时相对平安且人口较为密集的洪洞县向全国11个省市移民。因历次移民都是在大槐树下恋恋不舍地远离故土，并且移民到新的居住地后又种植槐树以表达对故乡的思念，山西洪洞县的大槐树成为古代移民的历史见证。

　　……

　　本书按照人文古树标准，同时兼顾树种的代表性和地域的广布性，选定和收编了全国各地100株（个别群生）人文古树，近40个树种，既有松树、柏树、银杏、槐树、杉树、榆树、榕树等常见树种，也有蜡梅、海棠、冬青、木棉、柯楠、紫薇等珍贵树种。根据古树人文故事的内涵特点，我们把100株人文古树划分为王者至尊、名家风范、历史标杆、百姓故事、民间神话、景观和谐和当代人文等七个专题进行编排，每株古树均按照古树名称、基本情况、生存现状、保健措施和人文故事的顺序予以介绍。其中，基本情况代表古树的自然属性，让读者了解有关古树的基本知识；生存现状、保健措施代表古树的保健需求，让读者了解古树保健的缘由、掌握保健技术，自觉参与到古树保健行动中来；人文故事展示了古树的文化价值，传承着行为、道德和制度等各种规范的核心内涵，成为密切人与古树关系的价值纽带。每株人文古树均附有整体照和特征照，图片、文字相互映衬，技术、人文互为依托，极大地增强了本书的可读性、趣味性和知识性，使人对每一株古树都会有所感、有所想、有所期盼……

　　在《中华人文古树》即将付印和面世之际，谨向不辞辛苦、按要求为本书提供古树基本信息素材、撰写人文故事短文、拍摄古树图片的各省（自治区、直辖市）森防同仁，向为书稿汇总提供大力支持的山西、浙江、江苏、山东、湖北、甘肃6省森防站（局），向为人文古树标准界定给予中肯建议和热情指导、并提供数篇精美文章的梁衡先生，以及为本书编辑出版提供支持和帮助的柳忠勤、邹学忠等专家，一并表示衷心感谢！

　　本书主编单位为国家林业局森林病虫害防治总站。专业技术与人文传承的融合，对于我们是初步尝试，并且在技术与人文之间有一定跨度，要使这种融合达到有机的完美统一，需要从设计、内容各方面做大量耐心细致的工作。由于编者水平有限，书中难免有不当之处，敬请读者批评指正。

编　者

2015年12月

# 目 录
## CONTENTS

# 第一篇　人文古树概述

一棵古树一道景，阅尽人间悲喜情。

生态国策众行日，树健人文正当寻。

该篇从基本概念入手，介绍了我国古树的分级、分布等基本情况，并根据古树与人文活动紧密相关的共性，给予"人文古树"以明确界定，介绍了人文古树的应用前景，告诉读者如何保护人文古树，指导大众积极、主动和科学地保护人文古树。

## 一 古树概况

古树是指树龄100年以上的树木，在自然界分布广泛。按照国家对古树的分级标准，古树分一级、二级、三级共3个级别，其中，国家一级古树树龄500年以上，国家二级古树树龄300～499年，国家三级古树树龄100～299年。

我国幅员辽阔，地貌类型复杂多样，气候变化差异显著。多样的地貌和气候条件，为树木的生长提供了丰富多样、复杂多变的自然生态条件，造就了我国数量众多、物种丰富的古树资源。

在相关的古树记载中，我国古树分属于101科303属580种（含变种）。据2001年全国古树普查统计，我国古树达280万株以上。古树多为高大乔木，既有松、柏、杉等针叶树种，也有银杏、槐树、紫薇、榕树等阔叶树种，广泛分布于崇山峻岭、田间地头、道路两侧、庭院村庄、古刹寺庙等地。古树有独居，也有群生。在生长季节，古树以其独有的浓郁绿色和姹紫嫣红，成为生长区域的一道靓丽风景。

千年香榧　榧香千年

## 🔵 古树的价值

古树在漫长的自然演替进程中，尽管遭受过雷击、水灾、火灾、虫灾等自然灾害，甚至饱受战火摧残，但历经坎坷，仍能存活上百年，甚至数千年，日复一日、年复一年地美化国土、见证历史、传承文化，这不同寻常的"生命奇迹"，本身就表明古树独有的、无可比拟的价值。

古树具有重要的生态价值。古树根系发达，枝繁叶茂，成为天然的绿色屏障，既防风固沙，又有效地遏制水土流失；古树在生长季节，郁郁葱葱，花香四溢，色彩斑斓，不仅吸碳放氧，消音吸尘，净化空气，而且美化环境，为人们提供理想的娱乐休闲去处，增添生活情趣；古树浓密的树冠，盘综错杂的枝干，是鸟类嬉戏的乐园和繁衍后代的理想居所，也是维持和促进自然界生物多样性的重要媒介。

古树具有难得的科学价值。古树蕴含着大量的科学信息，是探索大自然奥秘的神奇钥匙。古树记录了山川、气候等环境变迁和生物演替的信息，记录了降水量、地下水的年代变化，记录了当地丰年、灾年及农民的喜乐和哀愁。古树是树木中的优良品种，每一株古树都是一座基因库，古树复杂的年轮结构和染色体，蕴含和记录着可供人类发掘和利用的信息和基因，对研究植物区系的发生、发展和研究古生物、古气象、古地理、古地质、古年景等极具参考价值，意义重大。

古树具有显著的经济价值。有专家运用经济学原理，计算得出这样的结论：一棵50年大树，死材价值625美元，市

华夏国槐王上的寄生植物

场价格只有50～125美元，而50年活树的价值可达19.625万美元。这一价值源于三方面：一是每年释放1吨氧气，50年生产氧气价值3.125万美元，同期防止空气污染价值6.25万美元；二是防止水土流失、土地沙化及增加土壤肥力产生的价值6.875万美元；三是为牲畜遮风避雨、鸟类筑巢栖息，促进生物多样性产生的价值约3.125万美元，同期创造的动物蛋白质约0.25万美元。这19万美元以上的价值，还不包括大树调节气候、美化环境、开花结果产生的价值。如果是百年千年以上的古树，其价值无疑更为显著。

天师栗

天师栗（花）

仓颉手植柏

## 三 古树与人文

作为树木中的优良品种，古树不仅具有天然的生态、科研和经济价值，而且大部分古树在其漫长的自然生长过程中，直接或间接、或多或少地与人类活动相关联，见证了人类历史变迁，成为了传承人类文化的特殊载体。宣传古树，就是让古树的人文要义所代表的博大精深的民族文化激励人、感染人，鼓舞人们用饱满的热情，昂扬的斗志，为美丽中国建设奉献力量。

人文古树即具有人文内涵的古树，具体从以下几方面界定：树龄100年以上（含100年），具有重要的生态、科研和经济价值；记录了重大的历史事件或人物；对所在地理、历史具有标志性意义；附载有约定俗成、流传久远的典故或传说。

上下五千年，中华文明源远流长，人文古树在传承人类文化中发挥着极为重要的作用。人文古树是文化繁荣的象征，大凡风景园林、名山大川、名人住宅、古墓、寺庙道观等，都伴随有人文古树的存在。人文古树或与山水相依，或与亭台楼阁相伴，绘就了一幅幅情景交融、诗情画意般的美好意境，成为文学、诗歌、散文、影视、美术等艺术创作的源泉和对象。人文古树是传承历史的"接力棒"，如果没有人文古树，城市少一份历史的厚重，景区会缺乏生机和活力，村镇就缺少乡情归属感的古老标志，陕西黄帝陵因"轩辕柏"名闻遐迩，山西洪洞县因"大槐树"成为寻根问祖之地，安徽黄山因"迎客松"成为世界名山。人文古树还是民俗文化的重要载体，被人们寄予长寿、善良、幸福等美好愿望：古松柏寓意万古长青，常栽植保存于皇家园林和寺庙亭观；古柳古槐，分别代表留恋、怀念之意，常见于村镇街头、庙宇和故人坟头；古榆树寓意年年有余（榆）或富富有余（榆），多栽植于村镇街头和古院落。人文古树往往被奉为"神树""风水树""吉祥树"等，每逢重大节日，善男信女面对古树焚香行礼并系上红布条，借以表达美好祝愿，祈求平安和幸福。

透过人文古树的沧桑年轮，人们会深切感悟到凝结在人文古树上的厚重历史文化，以及由历史文化铸造的人文精神。每一棵人文古树都闪烁着光彩绚丽的历史文化色泽，它的生长与中国文化的发展同步，并深深镌刻着时代印记。

酒泉垂柳

## 四 人文古树的应用前景

当前，美丽中国建设成为华夏儿女的共同追求，人文古树不仅用独特身姿为美丽中国添彩，更以其特有的历史文化和人文精神启迪智慧，催人向上。要通过宣传、传承古树的历史人文在全社会形成爱护古树的良好氛围，发掘和利用人文古树，为推进生态文明、建设美丽中国提供强大的精神动力。

发掘和利用人文古树，必须最大限度地发挥其特有的旅游资源优势，助推社会经济发展。人文古树是大自然天人合一、天工开物的杰作，是中华民族五千年传承的珍贵遗产。古树随季节变化展示其婆娑之态，苍劲之美，沧桑之叹，传神之韵，一年四季皆为景。春季，新叶滴翠，花蕾飘香，使人赏心悦目；夏季，繁花似锦，芳香四溢，使人心清气爽；秋季，绿树霜天，翡翠风韵，使人尽享眼福；冬季，雪后凌风，古朴庄重，使人赞叹不已。无论何时，古树为山水园林增添异彩，为旅游景区增加亮点，为古堡村镇添绿壮威，给人们带来无穷绿的情趣和美的享受，是经济社会中非常难得的旅游资源。

发掘和利用人文古树，还要充分发挥"让古树的美愉悦人，让古树的文化教育人，让古树的精神鼓舞人"的宣传效能。古树的美是天然的，而且不受季节限制，因此，凡是有古树的地方，总有吸引人的独特景致，给人以美的愉悦，促进健康，增加幸福指数。古树是自然界和前人遗留的文明瑰宝，是站着的"活文物"，它蕴含着博大精深的民族文化，传承着真、善、美的文化精髓，昭告人们要树立尊重自然、敬畏自然的生态伦理观，爱护古树、珍惜古树，为构建人与自然和谐、为促进社会经济持续健康发展贡献力量。古树是大自然的强者，它不畏严寒霜冻，不畏盛夏酷暑，在任何恶劣环境条件下，都能够植根大地，顽强向上，给人带来美丽风景和精神愉悦，激发人的上进心和自信心，增添人的骨气和志气。古树表现出的不畏艰难的顽强精神、拼搏向上的竞争精神、踏实厚重的务实精神、不求回报的奉献精神，值得人们崇尚学习、效仿借鉴。

唐玄宗手植太上槐

## （五）人文古树的保护

要最大限度地发挥人文古树的价值，让人文古树更好地为经济社会服务，做好保护工作至关重要。

人文古树年代久远，经历过漫长的自然洗礼，大部分步入生长的中、后期，根、茎、叶各部分器官的功能开始下降，而且由于其树体高大、树冠覆盖面广，极易遭受雷击引发火灾，加之干旱、水土流失、病虫灾害等，造成长势衰弱，叶黄枯萎，严重的造成枝断梢枯，树干中空，甚至出现死亡现象，尤其是由于缺乏保护意识，人为移植、地表踩踏以及攀折刮刻等不合理人为活动，加重了古树不良症状，古树生长状况令人担忧，这为人们做好古树保护工作提出了严峻挑战。

水月寺古楮树

老子手植银杏

古树保护是重要的社会公益事业，是一项复杂的系统工程，涉及法律、行政、经济、技术等多个环节，只有政府、大众和技术部门多管齐下，形成合力，共同营造爱树、护树的良好氛围，为古树创造宽松舒适的生长空间，古树才能健康生长，古树保护成效就会事半功倍。

我国《森林法》规定，人文遗迹、古树名木应当采取措施加以保护，严禁破坏。针对古树保护，国家还专门制定了《城市古树名木保护管理办法》，不少地方结合实际出台了古树保护管理办法或技术规程等。古树保护入法并初步形成了较为完善的法律法规体系，为建立长效保护机制，促进古树保护走向科学化、法制化轨道奠定了坚实的法律基础。

当前，古树保护中保护意识淡薄，保护主体不清，管护责任难以落实，保护资金短缺等问题普遍存在，有的地方还较为突出，严重制约了古树保护工作的顺利开展。古树保护应实行属地管理，属地政府承担古树保护的主体责任，建立专门组织，加强对古树保护工作的领导。通过建立专家组加强古树保护的科学研究，制定技术措施和保护方案，为保护决策提供信息服务。

实施古树保护需要足够的人力、物力和财力保障。要建立多形式、多途径的古树保护资金投入机制，对于像迎客松、黄帝柏等重要古树，由国家投入保护资金，并指定专人开展管护工作。对于大多数古树，政府投入主要用于办理古树证件、分等级挂牌、建立古树档案等工作，借以宣传古树，营造氛围，让人们认识和了解古树，增强古树保护意识；要依靠社会团体、民间组织和公民个人通过古树认养，建立古树和保护者"一对一"的保护方式，既弥补了国家财力的不足，又将大众的古树保护意愿转变为现实举措。

古树保护要取得成效，不仅需要科学管理，而且要具有与古树衰弱症因相对应的科学实用的保护技术。管理上，对古树建档，实行一树一档，确定专门机构和专人管理，对古树出现的生长状况异常和环境异常等要及时记录，为后续的保护管理提供依据。实施保护措施时，必须针对古树出现长势衰弱现象，仔细研判，科学分析，真正弄清古树衰弱的原因，做到对症施治：对于由生理原因导致的古树树势衰弱，可通过改良土壤改善通透性，喷施营养液等营林措施，增强古树生长势；对于因病虫危害需药物除治的，要在合适的时机施用合适的药物种类，避免造成污染；对于古树出现的枯枝死结要及时清理，树干上的孔洞要采取安全有效措施及时填补。

玄奘手植娑罗树

# 第二篇　王者至尊

兴国创业艰险多，无尽征程经史源。

智勇博爱书传奇，扭转乾坤民为先。

该篇讲述历代君王（或领袖）的故事，颂扬他们智慧超群、引领史潮、敢为人先的远见卓识，展示他们身先士卒、临危不惧、藐视敌人的非凡气质，宣传了保护环境、荫泽子孙的文明理念，彰显出为民谋福祉的爱民情怀。

# 一棵怀抱炸弹的老樟树

【古树名称】瑞金古樟

【基本情况】树种：樟树*Cinnamomum camphora*（樟科樟属）；树龄1100年；树高24米；胸径2.25米；平均冠幅28米。

【生存现状】枝叶葱郁，无明显枯叶，有部分枯枝，主干正常。树身苔痕斑驳黝黑铁青，树的一半曾遭雷劈，外皮炸裂，木质外露。无严重病虫害，总体生长状况良好，长势旺盛。

【保健措施】古樟已纳入叶坪苏维埃景区植物重点管理保护对象，用木制护栏进行安全保护，减少人为活动对其造成的影响或伤害；对古樟枯枝进行人工剪切、清理，适时浇水、施肥等，保证树木生长养分和地面透水透气；定期开展监测，观察是否有病虫害，发现病虫情及时上报。

瑞金古樟，位于江西省瑞金市叶坪乡叶坪村中华苏维埃共和国临时中央政府旧址

一棵茂盛的古树用它的枝丫轻轻地托着一颗未爆的炸弹，就像一个老人拉住了一个到处乱跑，莽撞闯祸的孩子。炸弹有一个老式暖水瓶那么大，高高地悬在半空，它是从千多米高的天空飞落下来后被这棵树轻轻接住的。就这样在浓密的绿叶间探出头来，瞪大眼睛审视人世，已经整整80年。眼前是江西瑞金叶坪村的一棵古香樟。

古香樟在江西、福建一带是常见树种，家家门前都有种植。民间习俗，女儿出生就种一棵樟树，到出嫁时伐木制箱盛嫁妆，这里三五百年的老树随处可见。但这一棵却非同寻常。一是它老得出奇，树龄已有1100多年，往上推算一下该是北宋时期了。透过历史的烟尘，我脑子里立即闪过范仲淹的"庆历改革"和他的《岳阳楼记》以及后来徽宗误国、岳飞抗金等一连串的故事。在这个世界上什么东西才有资格称古呢？山、河、城堡、老房子等都可以称古，但它们已没有生命。要找活着的东西唯有大树了。活人不能称古，兽不能，禽鱼不能，花草不能，只有树能，动辄百千年，称之为古树。它用自己的年轮一圈一圈地记录着历史，与岁月俱长，与山川同在，却又常绿不衰，郁郁葱葱。一棵树就是一部站立着的历史，站在我面前的这棵古樟正在给我们静静地诉说历史。第二个不寻常处，是因为它和中国现代史上的一个伟人紧紧连在一起，这个人就是毛泽东。毛泽东也是一棵参天大树，他有83圈的年轮，1931年当他生命的年轮进入到第38圈时在这里与这棵古香樟相遇。

那时中国大地如一锅开水，又恰似一团乱麻，两千年的封建社会已走到了尽头。地主与农民的矛盾，剥削与被剥削的矛盾，土地不均的矛盾已经到了非有个说法不可的时候。

塑仿炸弹

这之前从陈胜、吴广到洪秀全，已经闹过无数次的革命，但总是打倒皇帝坐皇帝，周而复始，不能彻底。这时出现了中国共产党，要领导农民来一次彻底的土地革命。共产党的总部设在上海，它的行动又受命于远在莫斯科的共产国际，他们对中国农村和农民革命知之甚少，又乱指挥，造成失误连连。毛泽东便自己拉起一杆子队伍上了井冈山，要学绿林好

汉劫富济贫，又参照列宁的路子搞了个"湘赣边界工农兵苏维埃"政权。他在六个县方圆五百里的范围内坚持了两年，后又不幸失利。1931年毛泽东率队下山准备到福建重整旗鼓再图发展，当路过瑞金时，邓小平正在这里任县委书记，就建议他在此扎根。于是1931年11月7日苏俄十月革命胜利十四周年这一天，在瑞金叶坪村的一个大祠堂里召开了全国代表大会。第一个全国性的红色政权中华苏维埃共和国中央临时政府宣告成立。毛泽东当选为中央执行委员会主席。后来被中国人称呼了近半个世纪的"毛主席"就是从这一天开始的。

虽是共和国的主席，毛泽东也只能借住在一户农民家里。这是一座南方常见的木结构土坯二层小楼，狭窄、阴暗、潮湿。小楼与祠堂之间是一个广场，是红军操练、阅兵的地方，广场尽头还有一座烈士纪念塔。这实在是一处革命圣地，是比延安还要老资格的圣地。共产党第一次尝试建立的中央政府就五脏俱全，有军事、财政、司法、教育、外交等九部一局，都设在那个大祠堂里。毛泽东等几个中央要人则住在广场南头的小楼上，楼后就是这棵巨大的樟树。一走近大树我就为之一震，肃然起敬。因为它实在太粗、太高、太大，我们已不能用拔地而起之类的词来形容，它简直就是火山喷出地面后突然凝固的一座石山，盘龙卧虎，遮天盖地。树杆直径约有4米，树身苔痕斑驳黝黑铁青，树纹起伏奔腾如江河行地。树的一半曾遭雷劈，外皮炸裂，木质外露，如巨人向天狂呼疾喊，声若奔雷。而就在炸裂后的树身上又生出新的躯干，杆又生枝，枝再长叶，一团绿云直向蓝天铺去。好一棵不朽的老树，就这样做着生命的轮回。因地势所限，树身沿东西方向略成扁平，而墨绿的枝叶翻上天空后又如瀑布垂下，浓阴覆地，直将毛泽东住的后半座房子盖了个严实。那天，毛泽东正在二楼上看书，空中隐隐传来飞机的轰鸣。他并不在意，把卷起身，踱步到窗前看了一眼，又回到桌前展纸濡毫准备写文章。突然一声凄厉的嘶鸣，飞机俯冲而下，铁翅几乎刮着了屋顶，一颗炸弹从天而降。警卫员高喊："飞机"，冲上楼梯。毛停笔抬头，看看窗外，半天没有什么动静，飞机已经远去，轰鸣声渐渐消失。这时房后已经乱作一团，早涌来了许多干部、群众。很明显，这架飞机是冲着临时中央政府，冲着毛泽东而来，只扔了一个炸弹就走了，但炸弹并没有爆炸。大家围着屋子到处寻找，地上没有，又仰头看天，突然有谁喊了一声："在树上！"只见一颗光溜溜的炸弹垂直向下卡在树缝里。好悬！没有爆炸。这时，毛泽东已经走下楼来。人们早已惊出一身冷汗，齐向主席问安，天佑神人，大难不死。毛泽东笑了笑说："是天助人民，该我新生的苏维埃政权不亡。"毛泽东

戎马一生，不知几遇危难，但总是化险为夷。胡宗南进攻延安，炮声已响在窑畔上，毛还是不走，他说要看看胡宗南的兵长得什么样子。彭德怀没有办法，命令战士把他架出了窑洞。去西柏坡的途中，在城南庄又遇到一次空袭，他又不急，继续休息，是战士用被子卷起他抬进防空洞的。毛的性格坚定、沉着，又有几分固执、浪漫，从不怕死。唯此才能成领袖，成伟人，成大事业，写得大文章。

历史的脚步已走过80年，这棵老樟树依然伫立在那里。枝更密，叶更茂，杆更壮。树皮上的青苔还是那样绿，满地的树阴还是那样浓。那颗未爆的炸弹还静静地挂在树上。现在这里早已辟为旅游景点，人们都争着来到树下，仰望这定格在历史天空中的一瞬。古樟树像一个和蔼的老人正俯瞰大地，似有所言。一千年的岁月啊，它看过了改朝换代，看过了沧海桑田，看尽了滚滚红尘。远的不说，只从共产党闹革命开始它就站在这里看红军打仗，看第一个红色中央政府成立，看长征出发；又遥望北方，看延安抗日，北京建国。它的年轮里刻着一部党史，一部共和国的历史。它怀里一直轻轻地抱着那颗炸弹，这是一把现代版的"达摩克利斯之剑"，天将降大任于斯人也必先试其定力，然后又戒其权力。它告诫我们，革命时要敢于牺牲，临危不乱；掌权后要忧心为政，如履薄冰。

（撰文：梁衡；摄影：魏彬）

# 轩辕黄帝手植柏

【古树名称】黄陵侧柏

【基本情况】树种：侧柏 *Platycladus orientalis*（柏科侧柏属）；树龄约5000年；树高20米；胸径1.1米；平均冠幅15米。

【生存现状】无明显枯枝、枯叶、焦黄叶，冠型饱满，无缺损，未发现严重病虫害。总体生长状况良好，长势旺盛。

【保健措施】及时处理枝干腐烂、树洞，施农药喷杀茶黄蓟马；浇水施肥、叶面喷水，保证树木生长养分和地面透水透气；控制周边区域除草剂使用量；定期开展监测，及时施药防治。

黄陵侧柏，位于陕西省黄陵县轩辕庙院内

传说黄帝战败蚩尤，建立了部落联盟，定居在桥山。他发现桥山一带群民，有的栖居于树，有的与兽同穴，既不文明，又不安全，便和大臣力牧、大鸿、共鼓等商议如何改变这种状况。一番商议后，决定通过教化，让桥山群民在临水靠山的半坡上砍树造屋，离开树枝和洞穴搬进新屋。他又把桥山改名为桥国。

桥山群民住进新屋后，不但日常生活方便多了，而且也不怕野兽来伤害他们了。可是，那时候人们并没有保护生态的意识，他们经常砍伐树木，没过几年，桥山周围的树林就被砍光了，就连黄帝曾多次下令禁止砍伐的柏树，也被砍伐得一棵不剩。

就在这时，一场暴雨袭来，山洪暴发，洪水像猛兽一般从山上冲刷下来，把黄帝的得力大臣共鼓、狄货等几十人都冲走了。雨过天晴，黄帝带领大臣们上山查看，发现凡是树林被砍光了的山峁，不仅挡不住水，连地上的草也被冲得一干二净。他对群民说："今后再也不能乱砍树木了，如果再乱砍下去，桥国没有了树林，野兽也没处藏身。到那时，我们吃什么？穿什么？我愿和大家一齐上山栽树种草，用不了几年，满山就会长满林草，既不怕洪水，又能招来野兽，那时桥国群民才能有吃有穿。"说罢黄帝带头栽了这棵柏树，臣民们都学黄帝的样子，纷纷栽树种草。不几年，桥国的山山峁峁林草茂密，一片葱绿。

传说黄帝在乘龙升天飞经桥国上空时，还特意让巨龙停下来，随手把群民送给他的干肉块扔下来，落在自己栽种的柏树上。现在黄帝手植柏树干上的24个疙瘩，传说就是黄帝扔下的肉块变的。

（撰文：李有忠；摄影：党晓黎、王亭、蔡延峰）

# 潭柘寺里的"帝王树"

【古树名称】潭柘寺帝王树

**【基本情况】** 树种：银杏 *Ginkgo biloba*（银杏科银杏属）；树龄1300余年；树高25米；胸径3米；冠幅17米×20米。

**【生存现状】** 树枝大部生长良好，有少量枯枝、死枝；主干正常，偶有小树洞；冠形饱满；无严重病虫害。总体上树势良好，长势旺盛。

**【保健措施】** 设置围栏，防止人为踩踏；对树体腐烂部分采取清腐、杀菌、消毒、填充等措施；进行了软拉纤等支撑，保持树体平衡；加强病虫监测，发现病虫及时除治。

潭柘寺帝王树，位于北京市门头沟区潭柘寺

先有潭柘寺，后有北京城。北京人都这么说。

潭柘寺是北京西郊门头沟区的一座历史悠久的古寺。该寺建于西晋永嘉元年（公元307年），迄今约1700余年。初称嘉福寺；兴盛于唐代武则天时期，名为龙泉寺；金代改为大万寿寺；清康熙年间改为岫云寺。别看历朝历代官方将其名字改来改去，北京城的老百姓却一直叫它"潭柘寺"。究其原因，乃"寺址本在青龙潭上，有古柘千章，故名潭柘寺"。这一点很像杭州西子湖畔的云林寺，明明是康熙皇帝的御笔亲封，人们就是不买账，民间仍叫它"灵隐寺"。

千百年来，潭柘寺如同一位睿智的时间老人，寒来暑往，潮起潮落，见证了北京城里的朝代更迭和"城头变幻大王旗"的千年风云。

让人更为惊叹的是，潭柘寺大雄宝殿前，生长着一棵古老的银杏树。这棵树植于唐贞观年间，树龄已过千年，高达40余米，树干周长9米，遮阴面积达600平方米。当年乾隆皇帝到此游玩，看到这棵树高大威猛，当即下旨封其为"帝王树"。这是迄今为止，皇帝对树木御封的最高封号。

"帝王树"绝非浪得虚名。据说，在清代，每有新皇帝登基，此树就会从根部萌发出一枝新干来，生长速度惊人，随着时间推移，逐渐与老干合为一体。20世纪60年代初，已经是普通公民的清朝末代皇帝爱新觉罗·溥仪到潭柘寺游玩时，曾手指"帝王树"上东北侧一根未与主干相合的侧干，对负责接待的人说："这根小树就是我，因为我不成材，所以它才长成歪脖树。"

更为神奇的是，清朝每有皇帝驾崩，"帝王树"的树枝就会折断一根。甚至在共和国领袖身上，这棵树也同样"老天有情"。曾有人言之凿凿地说，1976年毛泽东主席逝世，

该树就有一根大树枝折断，压塌了树边的一间房。邓小平同志逝世的1997年，也有一根树枝折断了。

"帝王树"为树中之王，按理它得有个树"王后"才是。为此，传说辽代在离"帝王树"不远的西侧，人们补植了一棵银杏。可惜，人们期望的树"王后"也是雄性银杏株，属于给"帝王树"错配了的鸳鸯，被称作"配王树"。

### 配王树简介

在大雄宝殿后西侧，生长着一棵同样为雄性的银杏配王树。配王树树龄1300余年，树高22米，胸径1.4米，冠幅15米×15米。

如今，"帝王树"与"配王树"枝繁叶茂，郁郁葱葱，树冠几乎遮住了整个院落。每年金秋时节，潭柘寺都举办银杏节。听梵音绕梁虚空，观杏叶金艳柠黄，品茗茶飘逸清香，一种清幽静雅，祥和宁淡，欲神欲仙之感飘然而至……

（撰文：黄三翔；摄影：郑波）

# 天下第一奇松——九龙松

【古树名称】丰宁九龙松

【基本情况】树种：油松 *Pinus tabulaeformis*（松科松属）；树龄1000年；树高4米；胸径3.5米；平均冠幅25米。

【生存现状】九龙松目前生长所处的土壤板结严重，透气性和保水、保肥性较差，致根系生长受限；所有的枝干全部是盘旋、弯曲再翻转着生长，雷雨大风天气容易折断枝干，并造成树身摇动影响根系发育；雷击或风折形成的伤口经雨水长期浸蚀，逐渐腐烂形成缝隙，进而影响树势。由于树龄较高，树势较弱，一旦遭受病虫为害，树势会急剧下降，因此控制病虫为害十分重要。根据其枝梢颜色和落地针叶辨别，存在油松针枯病发生的隐患。

【保健措施】对大枝节点进行钢管"人"字支撑，上端与树干连接处做一个树箍，加橡胶软垫，以免损伤树皮；修剪干枯枝条，减少养分消耗；科学施用底肥，增施叶面肥；对出现的裂缝涂抹中性密封胶，防止病虫害侵入；适时清理树冠下方的杂草、落叶，改善树下环境；在树干上缠绕粘虫带，防止地下越冬害虫上树；常年监测，适时除治病虫害。

丰宁九龙松，位于河北省丰宁满族自治县五道营乡三道营村

九龙松栽植于北宋中期，历经六朝。有九条粗大的枝干，盘旋交织在一起，枝干最长达13米，九条枝干，枝头好似龙头，树身弯弯犹如龙身，树皮呈块状，好似龙鳞，九条枝干条条像龙，飞腾而起，故称"九龙松"。九龙松好像一个造型奇特的大盆景，树虽不高，覆盖面积却将近1亩，独木成林。

据说清朝年间，康熙帝一日独自离开养心殿到御花园散心。无意中在一多年陈置的水缸中，发现有棵古松树影浮动，定睛细看，那古松枝分9干，相互盘曲，宛如9条蛟龙腾空飞舞。康熙惊讶至极，遂命官员到全国各地四处查寻，结果却查无音讯。一日早朝，康熙又问及此事，众臣相觑不语。片刻，忽有一鲍姓大臣奏道："古北口的鲍丘水（今丰宁五道营乡）处竟有这样一棵奇松。"康熙大喜，率众臣跃马扬鞭，日夜兼程来到此处。他围绕松树左看三圈，右看三圈，叹为观止，曰："真乃神树也！"便亲持御笔题写了"九龙松"三字，命当地工匠刻了一块匾挂在庙宇之上，还留下五百御林军来保护此松。现在，丰宁当地百姓把九龙松崇拜成图腾，奉为"神树"，凡到九龙松观看的人必在树上系一"红布条"以示"祈福"，保佑生活幸福安康。

（撰文、摄影：王春龙）

# 双干连理

【古树名称】泰山汉柏

【基本情况】树种：侧柏 *Platycladus orientalis*（柏科侧柏属）；树龄2100余年；树高11.88米；胸径0.7米；冠幅4.8米×4.9米。

【生存现状】双干连理汉柏的西侧树干早年已死，腹中也曾被火烧过，但东侧树干却以顽强的生命力，仅靠树干北面32厘米宽的树皮输送的养分而正常生存着。

【保健措施】采取饵木诱杀、释放管氏肿腿蜂、喷洒生物制剂防治病虫害。在不影响景观的地方采取立柱支撑、钢索吊拉，防止大风。砌规整大树穴护根、设立护栏防止因游客踩踏导致土壤板结影响古树根系生长发育。树冠投影外挖复壮沟，填腐殖土，改善土壤通透性、增加土壤有机质。

泰山的汉柏，从北魏郦道元《水经注》引《从征记》里能找到记载："泰山有上、中、下三庙，柏树夹两阶，盖汉武所植也。"如今，汉柏在泰山的下庙（岱庙）院内尚存活5株，距今已有2100多年。其中的一株，双干相连，同根同生，气宇轩昂，自强不息。但是，这棵汉柏西面的树干早年已枯，树干中的树洞也曾被火烧过；东面的树干也仅仅靠着

泰山汉柏，位于山东省泰安市岱庙汉柏院内

树干北面32厘米宽的树皮顽强地活着，因此得誉名"汉柏连理"，也被人称为"汉柏凌寒"。

连理一说，源自汉代班固的《白虎通·封禅》："朱草生，木连理。"是说要封禅必须有祥瑞出现，这连理木就是吉祥之兆。而最有影响的还是白居易的"在天愿作比翼鸟，在地愿为连理枝"的名句。是诗，也是画，充满了情意，显示着吉祥。岱庙汉柏院，以汉武帝亲植的汉柏誉世，而在汉柏中，尤以"双干连理"著名。

清代乾隆皇帝先后10次至泰安，谒岱庙，六次登岱顶，礼碧霞祠。见汉柏青翠葱茏，感叹万分，遂成腹稿，回宫绘制，刻图立碑于树旁，名曰"御制汉柏图赞"，并题诗三首，其中之一："既成图画复吟诗，汉柏精神哪尽之，不禁笔指碑图向，久后还能似此无？"乾隆皇帝风流倜傥、才情四溢，一生留下诗作4.3万首，但是乾隆的画却十分稀少，而直接针对一棵树的画作，又专门刻在石头上的，更是绝无仅有。也有人笑谈"泰山上乾隆的诗作比不上故宫，但是泰山上乾隆的画却没人比得上"。

汉柏连理新枝扶疏泛出新绿，表达生命意向，显示出生命不可遏止的生机和热情；突兀老干大音希声，用沉默的方式，倾诉生命存在的价值和意义，展现出汉柏历尽沧桑、顶天立地的铮铮气节。当代书法大师舒同先生亲题"汉柏凌寒"，教育家、艺术家刘海粟先生题"汉柏"等石碑立于树旁。

1987年，联合国教科文组织总干事卢卡斯先生来泰山考察时，被寿龄2000余年的汉柏所感动，高度赞扬说"这才是真正活的自然遗产"。同年，"双干连理"等23株泰山古树名木列入世界遗产名录。

（撰文：陈岩；摄影：丛军）

# 华夏国槐王

---

【古树名称】崇信国槐

【基本情况】树种：槐树 *Sophora japonica*（豆科槐属）；树龄约2700年；树高26米；胸径4米；平均冠幅12米。

【生存现状】局部有枯枝，无明显枯叶、焦黄叶，冠形饱满，无缺损，未发现严重病虫害。总体生长状况良好，长势旺盛。

【保健措施】清除枯枝，浇水施肥；开展病虫监测，发现虫情，及时施药防治。

崇信建县于北宋建隆四年（公元963年），是先周、先秦发祥地之一，古"丝绸之路"要塞，是远古以来关陇文化交汇处，历史悠久，文化底蕴深厚。唐代名将陇右节度使、武康郡王李元谅在这里筑城屯军，取崇尚信义之意命名崇信城。

驱车出崇信县城西行约20公里，至铜城乡关河行政村的一个打麦场上，就会看见一棵特大槐树，遮天蔽日，气势雄伟，十分壮观。据有关专家测定，该树距今已有2700多年历史，被誉为"华夏国槐王"。之所以称其为"王"，一是年代久远，在甘肃省仅此一株，放眼华夏也较为罕见；二是树上寄生着杨树、花椒、五贝子和小麦、玉米等不同类型9种植物，各自应时而生，互不影响，实为世间一道独特风景。槐树周围山清水秀，与五龙山、唐帽山、樱桃沟等风景名胜相映成趣。

在当地，这棵大树流传着这样一段有趣的传说。唐初李世民西征时，在折庶城一举打败了西秦霸王薛举，薛部残兵败将逆着泾、汭河方向仓皇逃窜，退到了崇信峡口一带，企图据险死守、负隅顽抗。李世民统兵追击，于五龙山打鼓台设中军帐，以绕旗山为前沿阵地，令徐茂公攻古峡口，程咬金攻唐帽山，尉迟敬德攻孙家峡，一举克敌，尽剿余匪，取得了泾州大战的最后胜利，为唐王朝巩固西北局势消除了后患，奠定了基础。从此以后，崇信人民也告别了战火纷飞的苦难岁月，过上了太平安宁的生活。至今，五龙山上仍留有统兵处、点将台、打鼓台、绕旗山、宰相坪等古战场遗迹。围绕这段史实，在民间广泛流传着许多神奇美妙的传说。在这次鏖战前，尉迟敬德曾在此树上拴过战马，在树前的坪地上操练过士兵，民间相传是这棵神树保佑敬德将军勇往直前，旗开得胜。当地人都把此树敬若神明，自发保护。现在，在这棵树的树枝上，还能看到不少当地百姓敬"树神"的红色绸缎。

（撰文：陈国杰；摄影：吕正军）

崇信国槐，位于甘肃省崇信县铜城乡关河村

# 被封爵位的五大夫松

【古树名称】泰山五大夫松

【基本情况】树种：油松 *Pinus tabulaeformis*（松科松属）；现存2株，平均树龄300年；树高南株5米，北株6.5米；胸径南株0.53米，北株0.51米；冠幅南株平均12.2米，北株平均9.4米。

【生存现状】整体生长良好，个别小枝失绿。

【保健措施】在树冠投影外不影响景观的外围地带设立围栏，防止游客照相时攀爬踩踏树体树根；在不影响整体景观的古树的适当位置吊拉钢索，防止因大风、暴雨、暴雪导致古树倾倒、折断；用自然石随坡就势砌树穴护根、填埋松针腐殖土复壮、洒施复壮营养液；安装高清摄像头，实现24小时全天候监控。

五大夫松位于泰山风景区中天门御帐坪西北的五松亭前。盘路至此，有石坊赫然而立，额题"五大夫松"。五大夫松又称"秦松"，"秦松挺秀"为泰安古八景之一，1987年列入世界自然遗产名录。

说起这五大夫松，那可有一段不寻常的经历。

"五大夫"本是秦朝爵位名，秦、汉二十等爵位中的第九级，高于第五、六、七级的大夫、官大夫、公大夫，号为"大夫之尊"。五大夫爵位从商鞅变法置，沿用至东汉。那么，这棵大树有何功德，能被千古一帝的秦始皇封了这么高的爵位呢？

泰山五大夫松，位于泰山风景区中天门御帐坪西北的五松亭前（摄影：王延民）

秦王嬴政消灭了六国，统一天下后，自号为始皇帝。他听人说，古代帝王必须亲自到泰山举行封禅大典，才能算是有德行的君王。孟子也曾说过，一个新取得天下的帝王，必须上苍承认他的德行，接受了他的祭祀，才算是真命天子。于是，秦始皇带领着文武大臣，和一大群帮闲儒生来到了泰山。他们先在泰山脚下停下来，商议封禅典礼如何举行。儒生们说，所谓"封禅"，就是在泰山顶上祭天，在泰山脚下祭地；前者叫封，后者叫禅。然而又说，帝王上泰山顶上祭天最好不要坐车，非坐车不可，也要用蒲草裹起车轮子，以免辗坏山上的一草一木，才表示对泰山的敬重。这位暴君一听有如此条件，一气之下，不许儒生们参加祭典，自己带着亲信大臣上了山。沿途不好行车的地方，就砍树伐草，开山凿石。他心想："我倒要看看泰山的神能奈我何？"

（摄影：马建飞）

秦始皇一行人浩浩荡荡上了泰山，祭了天，还在山顶上立起一块大石碑歌颂功德。下山经过五大夫松的时候，天色突变、乌云滚滚、电闪雷鸣，瓢泼大雨劈头盖脸地下来了。秦始皇心中有鬼，以为得罪了山神，赶紧躲在路边的大松树下避雨，并跪求树神、山神保佑。雨来得快走得也快，秦始皇认为松树护驾有功，就加封那棵松树为"五大夫松"。

既然护驾有功，被封爵也毫无争议了吧？有争议的却是秦始皇到底封了几棵树。现在看到的是2棵古松，但是有人认为是5棵，有人认为是1棵。1棵的确无法考证，仅凭想象，当时秦始皇避雨肯定在一棵树下。5棵则大多为误传，唐代著名政治家、文学家、政论家陆贽在《禁中青松》一诗中有"愿符千载寿，不羡五株封"之句，据此，五大夫松就被世人误以为有五株松树被封爵位了。

明万历九年（1581年），于慎行在《登泰山记》中记载："松有五，雷雨坏其三。"所剩两株又于万历二十三年（1602年）被山洪冲走，现在斜卧在盘道旁，五大夫松根盘下的卵形巨石《飞来石》就是明证。《泰安县志》记载："雍正八年（1730年）正月，钦差大臣丁皂保补植松树五株。"现存的两株，就是这次补植的，这两棵古松相距9米，南北并列，龙干虬枝，苍劲古拙，枝叶繁茂，新梢年生长能达到4～10厘米。

乾隆皇帝十次驾临泰安，六次登泰山，三次赋诗咏颂五大夫松，其中之一为《咏五大夫松》：

何人补署大夫名，五老须眉宛笑迎。
即此今今即此昔，抑为辱也抑为荣。
盘盘欲学苍龙舞，穆穆时闻清籁声。
记取一枝偏称意，他年为挂月轮明。

（撰文：申卫星）

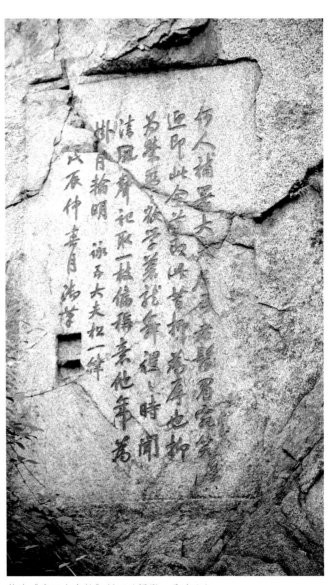

乾隆《咏五大夫松》刻石（摄影：马建飞）

# 秋风桐槐说就项羽

【古树名称】项王手植槐

【基本情况】树种：槐树 *Sophora japonica*（豆科槐属）；树龄2200余年；树高10.2米；胸径3.86米；平均冠幅10米。

【生存现状】树干基部枯空分叉，形成"丫"字形树形，韧皮部保留较好，与少量木质部一起支撑着整个大树生长。树冠长势较好，树枝正常，无枯枝、死枝，无严重的病虫害。总体生长状况良好。

【保健措施】定期开展病虫危害情况、生长状况监测工作，发现病虫害，及时上报；对树冠的主枝已架起支架，对树干的空洞部分已用桐油和水泥等进行修补，在树木周围已建一个圆形护栏以减少人为活动对古树的影响或伤害；及时处理枯枝烂叶，采取浇水、施肥、除草、防治病虫害等措施，保证树木生长养分和地面透气性。

十月里的一天，我在洪泽湖畔继续我的寻访古树之旅。在一家小酒店用早餐时，无意间听到百里外的项羽故里有两棵古树，下午即驱车前往。这里今属江苏省宿迁市，我原本以为故里者一古朴草房，或农家小院，不想竟是一座新修的旅游城，而城中真正与项羽有关的旧物也只有这两棵树了，一棵青桐和一棵古槐。

中国人知道项羽是因为司马迁的《史记》，一篇《项羽本纪》在中华民族三千年的文明史上树起了一个英雄，从此

项王手植槐，位于江苏省宿迁市宿城区项王故里院内

国人心中就有了一个永远抹不去的楚霸王。斯人远去，旧物难寻，今天要想要触摸一下他的体温，体会一下他的情感，就只有来凭吊这两棵树了。那棵青桐，树上专门挂了牌，名"项里桐"。据说，项羽出生后，家人将他的胞衣（胎盘）埋于这棵树下，这桐树就特别的茂盛，青枝绿叶，直冲云天。项羽是公元前232年出生的，算到现在已有2200多年了。梧桐这个树种不可能有这么长的寿命。但是，这棵"项里桐"却怪，每当将要老死之时，树根处就又生出一株小桐，这样接续不断，代代相传。现在我们看到的已是第九代了。桐树是一个大家族，常见的有青桐、泡桐、法国梧桐等，而青桐又名中国梧桐，是桐树中的美君子，其树身笔直溜圆，一年四季都苍翠青绿。如果是雨后，那树皮绿得能渗出水来，光亮得照见了人影。它的叶子大如蒲扇，交互层叠，浓荫蔽日。在中国神话中梧桐是凤凰的栖身之地。有桐有凤的人家贵不可言，项羽在此树下出生盖有天意。现在这棵九代"项里桐"正少年得志，蓬勃向上，挺拔的树身带着一团翠绿的披挂，轻扫着蓝天白云。桐树之东不远处，有一棵巨大的中国槐，说是项羽手植。槐树家族有中国槐、洋槐、紫穗槐、龙爪槐、红花槐等，而以中国槐为正宗，俗称国槐。它体型

庞大，巍然如山，又寿命极长。由于此地是黄河故道，历史上黄河几次决口，像一条黄龙一样滚来滚去。这故里曾被淹没、推平、淤盖，但这棵槐树不死。其树身已被淤没六米多深，我们现在看到的其实是它探出淤泥的树头，而这树头又已长出一房之高，翠枝披拂，二人才能合抱。岁月沧桑，英雄多难，这个从淤泥中挣扎而出的树头某年又遭雷电劈为两半，一枝向北，一枝向南，撕肝裂肺，狂呼疾喊，身上还有电火烧过的焦痕。向北的那枝，略挺起身子，斗大的树洞，怒目圆睁，青筋暴突，如霸王扛鼎；向南的一枝已朽掉了木质部分，只剩下半圆形的黑色树皮，活像霸王刚刚卸落的铠甲。但不管南枝、北枝都绿叶如云，浓荫泼地。两千年的风

**项里桐简介**

*学名 Firmiana platanifolia*，梧桐科梧桐属。

又名梧桐树、青桐、桐麻，位于江苏省宿迁市宿城区项王故里院内。树龄2200余年，树高7.4米，胸围0.61米，冠径7米。

雨，手植槐修成了黄河槐；黄河槐又炼成了雷公槐。这摄取了天地之精，大河之灵的古槐，日修月炼，水淹不没，沙淤不死，雷劈不倒，壮哉项羽！

项羽是个失败的英雄。但中国史学有个好传统，不以成败论英雄，这是历史唯物主义。项羽的对立面是刘邦。刘项之争是中国历史上第一出争为帝王的大戏。司马迁为他们两人都写了《本纪》，而在整部《史记》里给未成帝后者立《本纪》的却只有项羽一人，可见他在太史公心中的地位。项羽是个悲剧人物，他的失败原于他人性的弱点。他学而无恒，不肯读书，学兵法又浅尝辄止；他性格残忍，动不动就坑（活埋）俘虏几十万；他优柔寡断，鸿门宴放走刘邦，铸成大错；他个人英雄，常单骑杀敌，陶醉于自己的武功。这些都是他失败的因素。但他却在最后失败的一刹那，擦出了人性的火花，成就了另一个自我。垓下受困，他毫无惧色，再发虎威，连斩数将。当他知道已不可能突围时，便对敌阵中的一个熟人喊道，你过来，拿我的头去领赏吧。说罢拔剑

自刎。他轻生死，知耻辱，重人格。宁肯去见阎王，也羞于再见江东父老。他与刘邦长期争斗，看到生灵涂炭，就说百姓何罪？请与刘邦单独决斗。狡滑的刘邦当然不干。这也看出他纯朴天真的一面。项羽本是秦末农民大起义中一支普通的反秦力量，后渐成主力，成了诸侯的首领。灭秦后他封这个为王，那个为王，一口气封了近20个，他却不称帝，而只给自己封了一个"西楚霸王"，他有心称霸扬威，却无意治国安邦，乏帝王之术。

项羽的家乡在苏北平原，两千年来不知几经战火，文物留存极少，而他的故里却一直没有被人忘记。清康熙四十年，时任县令在原地树了一块碑，上书"项王故里"四个大字。这恐怕是第一次正式为项羽立碑，由是这里就香火不绝，直到现在有了这个旅游城。城内遍置各种与项羽有关的游乐设施，其中有一种可在架子上翻转的木牌，正面是项羽、虞姬等各种画像，翻过来就是一条因项羽而生的成语。如：破釜沉舟、取而代之、一决雌雄、所向披靡、拔山扛鼎、分我杯羹、沐猴而冠、锦衣夜行、霸王别姬……讲解员说她统计过，有100多条。现在我们常用到的成语总共也就一千来条，一般的成语辞典收三四千条，大型辞典收到上万条，项羽一人就占到百条。要知道他才活了31岁呀，政治、军事生涯也只有五年。后人多欣赏他的武功，倒忽略了他的这一份文化贡献。项羽少年时不爱读书，说"书足以记姓名而已"。未想他自己倒成了一本后人读不完的书。汉代是中国文化的源头之一，司马迁写了这样一个人物，塑造了这样一个英雄，就影响了我们民族的历史两千年，而且还将影响下去。

汉之后，项羽成了中国人说不尽的话题。史家说，小说家写，戏剧家演，诗人咏，画家画，民间传。直到现在，他的故里又出现了这个5A级的旅游城，城门、大殿、雕像、车马、演出、射箭、投壶、立体电影、仿古一条街，喧声笑语，游客如云。项羽是民间筛选出来的体现了平民价值观和生活旨趣的人物，人们喜欢他的勇敢刚烈、纯朴真实，就如喜欢关羽的忠义。历史上的"两羽"一勇一忠，成了中国人的偶像。这是民间的海选，与政治无关，与成败无关，是与岳飞的精忠报国、文天祥的青史丹心并存的两个价值体系。一个是做人，一个是爱国。

项羽是个多色彩的人物。刚烈坚强又优柔寡断，雄心勃勃又谦谦君子，欲雄霸天下又留恋家乡，八尺男子却儿女情长。他少不读书，临终之时却填了一首感天动地、流传千古的好歌词，"力拔山兮气盖世。时不利兮骓不逝。骓不逝兮可奈何！虞兮虞兮奈若何！"他杀人如麻，却爱得缠绵，在身陷重围，生死存亡之际还与虞姬弹剑而歌，然后两人从容

自刎，真堪比现代"刑场上的婚礼"。这种沙场上的王者之爱比起唐明皇杨贵妃宫闱中的糜糜之爱不知要高出多少倍。他是一个性情中的人物，艺术境界中的人物，有巨大的悲剧之美，后人不能不爱他。他身上有矛盾，有冲突，有故事；而其形象又壮如山，声如雷，貌如天神，是艺术创作的好原型，民间说唱的好话题。连国粹京剧都专为他设了一个脸谱，而民间以霸王命名的"霸王花""霸王鞭"等不知几多。全国北至河北南到台湾"项王祠""项王庙"又不知有多少，百姓自觉地封他为神。南迁到福建的王姓奉霸王为自家的保护神，台湾许姓从大陆请去项羽塑像建庙供养，以保佑他们平安、幸福。这就像商人把关羽奉为财神。没有什么理由，就是信，自觉地信。

　　但项羽毕竟是曾活动于政治舞台上的人物，于是他又成了一面历史的镜子。可以看出来，太史公是以热情的笔触，婉惜的心情刻画了这个人物。后人也纷纷从不同角度褒贬他，评点他，抒发自己的感慨。鲁迅说，一部《红楼梦》有的见淫，有的见《易》。一个历史人物，就如一部古典名著，能给人以充分的解读空间才够得上是个大人物。唐代诗人杜牧抱怨项羽脸皮太薄，说你怎么就不能再忍一回呢："胜败兵家事不期，包羞忍耻是男儿。江东子弟多才俊，卷土重来未可知。"宋代的李清照却推崇他的这种刚烈："生当作人杰，死亦为鬼雄。至今思项羽，不肯过江东。"毛泽东则借他来诠释政治："宜将剩勇追穷寇，不可沽名学霸王。"项羽是一面历史的多棱镜，能折射出不同的光谱，满足人们多方位的思考。而就在这个园子里，在秋风梧桐与黄河古槐的树荫下，我看见几个姑娘对着虞姬的塑像正若有所思，而一个小男孩已经爬到乌骓马的背上，作扬鞭驰骋状。

　　这个旅游城的设计是以游乐为主，所以强调互动，游人可以上去乘车骑马，可以与雕像拥抱照像，可以投壶射箭，可以登上城楼，出入项羽的卧房、大帐。但是有两个地方不能去，那就是青桐树下和古槐树旁。两棵树周都围了齐腰的栏杆，只可远观而不可亵玩。再嬉闹的游人到了树下也立即肃穆而立，礼敬有加。他们轻手轻脚，给围栏系上一条条红色的绸带，表达对项王的敬仰并为自己祈福。于是这两个红色的围栏便成了园子里最显眼的，在绿地上与楼阁殿宇间飘动着的方舟。秋风乍起，红色的方舟上托着两棵苍翠的古树。

　　站在项羽城里，我想，我们现在还能知道项羽，甚至还可以开发项羽，第一要感谢司马迁，第二要感谢这两棵青桐和古槐。环顾全城，房是新的，墙是新的，碑廊是新的，人物、车马全是新的。唯有这两棵树是古的，是与项羽关联最紧的原物。是因为有了这两棵树，人们才顺藤摸瓜，慢慢地

项王手植槐

发掘、整理出其它的物什。1985年在附近出土一个硕大的石马槽，是当年项羽用过的遗物，于是就移来园中，并于槽上栓了一匹高大的乌骓石马。青桐既是项羽埋胞衣之处，桐树后便盖起了数进深的院子，分别是项羽父母房、项羽房、客厅等，院中有项羽练功的石锁，象征力量的八吨重的大铜鼎。项宅的入口处是那块清康熙年立的石碑，而大槐树前则有陈设项羽生平的大殿及广场。一切，皆因这两棵树而再生，而存在。梁实秋说上世纪30年代的北平，人们讥笑暴发户是"树小墙新画不古"。你有钱可以盖院子，但却不能再造一棵古树。幸亏有这青桐、古槐为项羽故里存了一脉魂，为我们存了一条汉文化的根。考古学家把地表一二米深，留有人类活动遗存的土壤叫"文化层"，扎根在"文化层"上的古树，其枝枝叶叶间都渗透着文化的汁液。一棵古树就是一种文化的标志。我以为要记录历史有三种形式。一种是文字，如《史记》；一种是文物，如长城、金字塔，也如这院子里的石马槽；第三种就是古树。林学界认为100年以上的树为古树，500年以上的古树就是国宝了。因为世间比人的寿命更长，又与人类长相厮守的活着的生命就只有树木了。它可以超出人十倍、二十倍地存活，它的年轮在默默地帮人类记录历史。就算它死去，埋于地下硅化为石为玉，仍然在用C14等各种自然信息，为我们留存着那个时代的风云。

　　秋风梧桐，黄河古槐，塑造了一个触手可摸的项羽。

　　　　　　　　　　（撰文：梁衡；摄影：杨波、成聪）

# 关山古枫

【古树名称】阜新枫树

**【基本情况】**树种：枫树 *Acer truncatum*（槭树科槭属）；树龄1000年以上；树高10.5米；胸径3.1米；冠幅13米×15米。

**【生存现状】**树干挺拔，冠形完整，叶绿色或浅绿色，无枯枝。未发现病虫害。树木长势总体良好。

**【保健措施】**加强保护，补充营养。加强监测，并于每年春秋两季由县林业局技术人员专程给千年古枫打药，预防病虫害，同时用毒绳缠在主干上，触杀有可能危害古枫的各种害虫。

在阜新蒙古族自治县招束沟乡朱沙拉村关山自然保护区，顺着山间羊肠小路蜿蜒而上到达主峰，眼前赫然站立着关山千年古枫，在猛烈的山风中，"哗啦啦"挥舞着五角枫叶，似乎在向来客招手致意。因其叶子有5个角，这棵枫树又名五角枫。秋季，五角枫大部分树叶会变黄，个别叶子也有红色的，满枝绚烂。

关山古枫的树皮腻而不糙，枝叶繁茂，树干苍劲，青山衬托，颇具神采。这棵千年古树是全县最高、最古老的一棵树，老百姓将它奉为神树。每年端午节、中秋节，方圆几百里的百姓，还有从沈阳、新民来的，四面八方很多人都来向老树祈福，给古树系红绳，往树洞里扔钱币。山顶风大，加之古枫硕大的树冠，当地百姓自发地把附近山上捡来的大石头，搬到古树脚下压着树根，怕树大招风被吹倒，对古树的爱惜之情可见一斑。

在千年古枫树下，一块精致的牌子记载着古树的神奇身世。传说辽太祖耶律阿保机于公元903年，讨伐女真途经阜新，阜新为其部属肖阿古（后辽太祖建契丹国时曾任北府宰相）的家族居住地，时遇旱灾，肖阿古求阿保机植树求雨，阿保机遂于关山东峰亲植五角枫一株，谓之"求雨树"，并举盛大求雨仪式。天果降大雨，百姓皆贺阿保机早就帝业。阿保机又于山脚建佛教寺院，名"甘霖寺"，就是现在牌楼庙的前身。后来阿保机于公元907年建立契丹国，这株古枫更被当地百姓视为神树而倍加崇信。

站在古树后的山崖边，看山下绿树丛中，能见到红顶的牌楼庙庄严威仪。辽西这地方十年九旱，可是这片山间盆地却形成了一个小环境，每年降水都比别处多，可谓风调雨顺。俯瞰周围，绵延群山和山间盆地整齐的良田尽收眼底。小时候听老人说，这山里还有老虎、豹子出没呢。这个藏龙卧虎的宝地，谁说不是因了千年古枫的庇佑呢。

（撰文：邹学忠；摄影：雷庆锋、冯世强）

千年古枫，公元903年，辽太祖耶律阿保机率军伐河东代北，迁徙代北居民，建龙化州（今内蒙奈曼旗东北）路过黑山（当时的关山称为黑山），看到此地旱情非常严重，应阿古只请求在东峰亲植一株"五角枫树"，谓之"求雨树"。

关山风景区管理处
二00八年五月十日

阜新枫树，位于辽宁省阜新蒙古族自治县招束沟乡朱沙拉村关山自然保护区

# 炎帝神农进山来

【古树名称】神农架天师栗

【基本情况】树种：梭椤树 *Aesculus wilsonii*（七叶树科七叶树属）；树龄600余年；树高23米；胸径1.75米；平均冠幅22米。

【生存现状】树干中空，受雷电击损，主干4米高处已折断；树冠骨架均系侧枝构成，庞大浑圆，树根露出地面，似瘤。目前无严重病虫害，长势旺盛。

【保健措施】定期开展监测，观察是否有病虫危害，做好记录，发现病虫情，及时上报；施农药喷杀茶黄蓟马；处理枝干腐烂、树洞等；采取浇水、施肥、控制授粉结果、疏果、叶面喷水等，保证树木生长养分和地面透水透气；控制周边区域除草剂使用量；合理控制人为干预，减少人为活动对古树的影响或伤害。

　　上古时期，黎民百姓靠茹毛饮血，采摘野果为生。一旦瘟疫流行，人类就有灭绝的危险，对此，炎帝神农氏心急如焚，千方百计找寻良策，欲走出食物不足和疾病缠身的困境。

　　他不辞辛苦，率领臣民从家乡随州的烈山出发，向西北方向的大山区进发。晓行夜宿，跋涉七七四十九天，来到秦岭大巴山东段。这里山高路险，古树参天，云雾弥漫。一天，一群虎豹将他们团团围住，欲将臣民吞噬，炎帝大怒，奋力挥起神鞭抽打，煞住了凶兽的嚣张气焰，野兽被驱赶逃遁。再往前行，是崖险壁陡，难以攀登。正在惆怅之际，巧遇一群金丝猴手扯古藤，攀缘登山。炎帝触景生智，便吩咐臣民砍木杆，割藤条，绑横档，靠着山崖搭起360级木架梯子直抵云端。

　　他们沿木架登上了山顶。只见冷杉遍布，奇花斗艳，异草飘香，好一派世外仙境。一干人好奇地品尝着百草，酸甜苦辣味道齐全。于是，便在此盖了"几栋"冷杉为柱的茅屋，那一根根冷杉柱子竟然生根复活，长成了大树，挤成围墙。此处被后人取名为"木城"。炎帝神农氏白天尝百草，夜间就着篝火光亮记下药性。一次，他将一棵草刚放进嘴里嚼了两下，顿感天旋地转，眼冒金星，大汗淋漓。原来这是一棵毒草。他赶紧将手边一棵红色的草扯起放入嘴里，稍时，毒气消散，便将这起死回生之草取名为"九死还阳草"。他踏遍这里的山山岭岭，沟沟岔岔，品尝出了数百味草药（包括七叶树种子：中医可入药，名娑罗子，性温味甘，功能宽中下气，主治胃胀痛、疳积等疾）和粟、麦、稻、豆、梁等五谷，并就地播种。后将收获的五谷和采集的药物标本带回家乡，教民种植，解救了黎民饥荒和病痛之危。这些草

神农架天师栗，位于湖北省神农架林区松柏镇盘水三里荒

药和五谷都由后人编入了《神农本草经》和《神农五谷经》。

　　炎帝神农氏在发现草药和五谷后，带着成功的喜悦依依不舍地离别了木城和家乡，去南方继续教民种植和救民疾苦。最后，客死在湖南茶陵（今株洲市茶陵县），葬于离城不远的山上，此山得名"炎陵山"。后人为了纪念炎帝神农氏的丰功伟绩，在茶陵县建造了规模宏大的神农庙和炎帝陵。自北宋以后，炎黄子孙常常到此朝拜。而架木为城，炎帝神农氏尝草采药的大山群便取名"神农架"。

（撰文、摄影：华祥、谢志强）

# 三异柏

【古树名称】崇信柏树

【基本情况】树种：柏树 *Cupressus funebris*（柏科柏木属）；树龄约1500年；树高11米；胸径3.56米；平均冠幅16米。

【生存现状】局部有枯枝，无明显枯叶、焦黄叶，冠形饱满，无缺损，未发现严重病虫害。总体生长状况一般，树势有衰退迹象。

【保健措施】清除枯枝，清理杂草，改善生长环境；修建围栏，浇水施肥，补充营养。

公元184年，在繁花似锦的古涿郡，刘备、关羽和张飞备下乌牛白马，祭告天地，焚香再拜，结为异姓兄弟，不求同年同月同日生，只愿同年同月同日死。之后，为了成就帝业，兄弟三人齐心协力，救困扶危，上报国家，下安黎庶。其兄弟情义之深厚，令后世儿女崇尚敬仰，他们的故事更令后世代代相传。

崇信柏树，位于甘肃省崇信县锦屏镇朱家寨自然村

在甘肃省平凉市崇信县锦屏镇朱家寨村流传着这样一个传说：这里有一株柏树和两棵胸径1.5米左右的大槐树，这三棵树如同刘备、关羽和张飞三人一样，生死相依、不离不弃。20世纪70年代，朱家寨生产队生产资金紧缺，决定砍售两棵槐树。由于槐树长得太粗，一根锯条根本无法锯伐，伐树人决定将两根锯条焊接起来锯伐大树，即便这样，在砍伐中还常常卡锯，需在锯口打木楔，每天只能锯进半尺深度，生产队的青壮劳力轮番上阵，整整锯了七天七夜才锯倒这两棵大槐树，树倒下后，根部汁液汩汩流个不止，顺山坡一直流进了山底，四十九天后才流干。

更让人惊异的是，这棵柏树的每个枝杈上都生长着三种不同形状的叶片，被称作棉柏、侧柏和刺柏，这种现象在自然界非常罕见，当地人称之为"三异柏"。当地还有个说法，三国时期刘备、关羽、张飞"桃园三结义"，三人志同道合、兄弟齐心，死后化成柏树融为一体、永不分离。这棵树上的三种不同形状的叶片，分别代表了刘、关、张三人不同的个性和品德：棉柏代表刘备的善良慈祥，侧柏象征关羽的忠心赤诚，刺柏显示张飞的耿直刚勇。至今，人们还将这棵柏树尊崇为神树，祈求古柏也能像刘、关、张那样为当地老百姓遮风挡雨，消灾除难。

（撰文：陈国杰；摄影：黄萍、吕正军）

# 医间万年松

【古树名称】北宁油松

**【基本情况】**树种：油松 *Pinus tabulaeformis*（松科松属）；树龄1000年以上；树高26米；胸径4米；冠幅18米×15米。

**【生存现状】**树木长势良好，无重大病虫害发生。

**【保健措施】**加强保护，补充营养。树周围加设围栏，防止人为折枝攀爬。定期或不定期地监测病虫害情况，建立监测记录。

北宁油松，位于辽宁省锦州市北宁市医巫间山国家自然保护区

在辽宁省锦州市北宁市医巫间山国家保护区大阁保护站"读书堂"前，有一株博大凌云的古松——万年松，树冠庞大，犹如巨伞，树干粗壮，遒劲有力。据说是辽太子（耶律阿保机长子耶律倍）在"读书堂"隐居时亲手所栽，又名"太子松"。

在望海寺西侧，沿读书堂拾阶而下，到了一片宽阔的地带，抬眼望见的高大的松树便是万年松。宅高20余米，树干围长4米，枝叶参天，傲然挺立。

1754年，清乾隆皇帝第二次到医巫间山揽胜，见此松高耸挺拔、傲然独立，于是手抚古松吟诵："地灵自呵护，天意本栽培，云巢真可号，龙种是谁栽？"的诗句。自此该松又得到"云巢松"的名字。世人曾把写有"云巢松王"字样的铁牌镶于树干之上，岁月如烟，铁牌现已长没树中，不复得见，但古松仍雄姿千年不衰。乾隆皇帝亦从另一角度赞誉此松为"直干应同天地老，孤标宁识雪霜深"，所以后人喜欢称呼它"万年松"。

万年松笔直向上，顶天立地，给人以一种万古长青、万世流芳、浩然正气之感。　（撰文：邹学忠；摄影：冯世强）

# 启运树

【古树名称】新宾赤松

【基本情况】树种：赤松 *Pinus densiflora*（松科松属）；树龄1000年以上；树高26.5米；胸径3.7米；冠幅32米×29.5米。

【生存现状】树木长势良好，无重大病虫害发生。

【保健措施】加强保护，补充营养。

新宾赤松，位于辽宁省抚顺市新宾满族自治县木奇镇木奇村双龙堡

在辽宁省抚顺市新宾满族自治县木奇镇木奇村双龙堡，有一棵千年赤松，被称为"辽东赤松王"或"神树赤松王"，乾隆皇帝赐名"启运树"。

这株古松树势雄伟，树冠庞大，占地面积为780平方米，红枝绿荫相互掩映，自成风景。在苍山秀谷中，尤显壮美，远近闻名，被老百姓誉为神树，是当地著名的景点之一。

相传，一次罕王（努尔哈赤）外出打猎，行至木奇村一带，忽见丛林中窜出一只梅花鹿，立刻尾追上去。来到一个山谷，不见了猎物，只见山坡上一棵百年赤松巍然屹立，状如碧伞，并发出隆隆奇响。此情此景，令罕王激动不已。他觉得这并非树的声音，分明是真切的人语，立刻下马跪拜树前，脱口道：真乃神树也！

不久，萨尔浒大战拉开帷幕，罕王统率将士们一起再拜了神树，官兵由此士气大振，一举夺得大战全胜。后来，努尔哈赤每次征战必来参拜，无不大胜而归。只有一次没来，结果兵败宁远城，战死沙场。传说那年崇祯皇帝吊死在北京景山的歪脖树上时，千里之外的这棵"神树"，曾经涛声大作。而溥仪宣诏退位时，永陵的古榆曾发出悲凉之声，唯独这棵"神树"沉静如常。细心人发现，如大伞一样的树冠间，偶尔也杂生着几根虬枝，当地传说历朝历代中出现昏君，树干必有枯枝。

清朝六位皇帝回永陵祭祖时，相继敬拜过此树，其中，乾隆皇帝称其为"启运树"。

抗日战争期间，日本人发现了这棵栋梁之材，要砍掉这棵老神树，结果，怎么也砍不动，最后在刀口处渗出滴滴鲜血，日本人认为是触犯了神灵，便仓皇逃跑了。其实，所谓"流血"，不过是赤色木屑顺树液而下形成之幻觉。自那时起，这棵逃脱魔掌的"神木"又增寿六十余年。如今枝荣叶茂，四季葱绿，仪态万千，自成一景，堪称辽东林区中的奇秀！

（撰文：邹学忠；摄影：冯世强）

# 大果榉的传说

【古树名称】炉峰山大果榉

**【基本情况】**树种：榉树 *Zelkova sinica*（榆科榉属）；树龄500余年；树高16米；胸径4.3米；冠幅18米×16米。

**【生存现状】**大果榉如擎天大伞，生长在石山上，树冠之大，枝叶之繁，令人叫绝。南侧枝干折断，主干东侧有瘤状物。树干分枝处生有一株小松树，两树相融，和谐共生。总体上生长状况良好，树势旺盛。

**【保健措施】**对枝干折断、破损处进行防腐处理；通过浇水、施肥、叶面喷水等管护措施，确保树木健康生长；及时监测病虫动态，科学除治。

炉峰山大果榉，位于河北省磁县炉峰山玄帝庙遗址处

相传公元前206年，刘邦被封为汉中王后，即以汉中为基地，安定巴蜀，收复三秦。三年后，刘邦趁项羽攻打齐国，率领诸侯军56万，一举攻占彭城。项羽闻之，急率精锐骑兵3万人，千里奔袭，夺回彭城。刘邦大败，落荒而逃，在彭城南六十里处，被追击的项羽军歼灭十余万。刘邦继续南逃，但因项羽的猛烈追击而不能立足，一路又伤毙几万。刘邦军逃入漳水，溺死者不计其数，"漳水为之不流"。项羽军将刘邦及其残部层层包围，正待聚歼之际，忽然西北大风猛袭而来，飞沙走石，树木连根拔起，一时间天昏地暗，吹打得项羽军阵营大乱。刘邦趁机带10余名骑兵突围而逃，其父、其妻被楚军俘获，汉军几乎全军覆灭，待逃到炉峰山时，此处山高林密躲过追兵，才得以喘息。后刘邦建立汉朝，在炉峰山植此青榆树（大果榉）以示纪念。相传刘秀也曾在此拴马歇脚，树下青石上仍留有马蹄印。该树树龄500余年，不可能为汉代所植，系后人以寄托思古之情，将刘邦和项羽在江苏彭城的大战，误传为是在今邯郸市峰峰矿区的彭城。

（撰文：刘晓宁、白浩伟；摄影：白浩伟）

# 千年古茶树

【古树名称】房县古茶树

【基本情况】树种：茶树 *Camellia sinensis*（山茶科山茶属）；树龄1000余年；树高15米；胸径1.2米；冠幅7米×8米。

【生存现状】树叶绿色；树枝正常，主干正常，偶有腐斑、树洞；无严重的病虫害。总体上生长状况一般，长势欠旺。

【保健措施】弱势侧采用筑墙加固、回填腐殖土；防治蛀干害虫侵害；给树输入营养液，增加树体养分供应，增强树势；截干更新，对枯死的枝干进行截除；添加有机肥料，改善土壤，增强养分吸入，促进树体复壮。

房县野人谷镇千家坪村，有一棵千年古茶树。千百年来，当地村民把古茶树当成"和谐树""幸福树""神仙树"。他们说，古茶树生长千年，植根较深，环境适应性强，既抗病虫，又不需人工浇水施肥，全靠树根自身吸收地下深层的养分和水分自我生存。古茶树叶内含物质丰富，更加耐泡，更具香气，滋味纯厚，回甘生津，是纯天然、无污染的环保型茶叶。

一棵茶树能千年不衰，追古寻源，还得从一个美丽的传说谈起。

公元683年，武则天篡位夺权，将唐中宗李显封为庐陵王，贬到湖北房州。李显到房州后，悲愤交加，寝食难安，第二年春天就卧床不起，众医难治。房州刺史下令，遍寻名医良药，为庐陵王治病。一山民呈报：房州南大黑山脚下，一个叫仙家坪的地方，有一位高人，善治百病，房州府立即派人到仙家坪查访。

仙家坪是一块风景秀丽的高山平地，东低西高，南峻北缓，南面是连绵数十公里的大黑山原始森林，北面是气势宏伟的卧龙山岗，卧龙山下住着一户姓王的药农，祖祖辈辈以上黑山采药、为百姓治病为生，人称"仙家药王"，仙家坪的名字由此而来。据药王介绍：古时候，茶仙子云游天下，来到仙家坪，发现了这块风水宝地，便种下了一棵茶树，这棵茶树得天地之灵气，见风而长，三年成材，树叶泡茶，可治病疗疾。今陛下之病乃怨气淤积，急火攻心所至，不妨用古茶叶一试。

说来也巧，李显饮此茶叶，数天痊愈，大悦，立择良日，备百金，欲率众卿驾临仙家坪，拜古树，谢药王。庐陵王一行百人，浩浩荡荡，不一日，到达仙家坪。房州府官急命药王见驾，不料，药王府早已人去屋空，却见药案上留有一张纸条，上面写道："母懿皇帝镇房州，天子蒙冤几时休，神茶明日去心疾，卧龙腾飞官抬头。"十四年后，李显回京，重登皇位，方知诗中含义。为感谢房州人民和药王的深情厚谊，李显皇帝免房州三年税赋，将仙家坪卧龙岗改名为官抬头。

古树、神茶、药王、仙家的传说，越传越神，越传越广，仙家坪成为众人向往的风水宝地，富豪人家、灾荒难民、武士豪杰纷至沓来。到了明代，仙家坪已聚居了一千多户人家，山间小村成了天堂闹市。仙家坪由此改名为千家坪。保护和争夺古茶树的战斗序幕由此拉开。

明朝中期的圈地运动，让许多地主发了横财，也引发了声势浩大的农民起义。当时，一位姓周的富户，来到千家坪，圈地，建了庄园。他想把古茶树圈入院内，霸为己有，引起当地农民强烈不满。大家自发地组织了一支护树队，精心保护着古茶树。1464年，刘通在房县大木厂揭竿起义，次

# 水月寺苦槠树的传说

【古树名称】麻城苦槠树

**【基本情况】**树种：槠树 *Castanopsis sclerophylla*（壳斗科锥属）；树龄400余年；树高10.8米；胸径2.36米；冠幅15.8米×16米。

**【生存现状】**树叶绿色，树干粗壮；但树顶已经枯死，树中部伸展着辐射状枝条。无严重的病虫害，有少量食叶害虫，尚不构成危害。总体上生长状况良好，长势旺盛。

**【保健措施】**定期开展监测，观察是否有病虫危害，做好记录，发现病虫情，及时上报；虫害轻微的可不予杀灭，对生长影响不大；主要是清洁林地，清除虫卵、蛹和病菌，必要时可用药物防治；合理控制人为干预，减少人为活动对古树的影响或伤害。

在水月寺中学院内，有一棵古槠树，属国家二级保护植物。这树并不十分高峻，但树干要六个中学生才能合抱，枝叶浓密，足达半亩，像个巨大的盆景。不少人慕名而来，欣赏奇树，与树合影留念。

据说，这株古槠树是明代大学士梅之焕亲手所植，已有400年历史。相传，梅之焕某日来到水月寺，与住持谈得十分投机。住持道："敝寺兴建日久，尚缺一楹联，贫僧苦思而得一上联，下联始终难续，敢求学士赐教。上联是：水月寺鱼游兔走。"乍一听，梅学士觉得这有何难，此乃一寻常地名联而已，细一想，这上联却有些奥妙，联中"水""月"巧妙地与"鱼""兔"联系在一起；"水"中有"鱼"，"月"中有"兔"，"水""月"相连即是寺名。梅学士当即试对几联，都觉难达其意，只好带着遗憾离寺。后来，梅之焕游山海关，灵感突至，脱口对出下联："山海关虎啸龙吟。"当梅学士再游水月寺时，不仅带来妙联，还带来一树，并亲手植于园中，就是这株四季常绿的槠树。而今，水月寺早已不存，而梅学士当年所植槠树依然枝繁叶茂，屹立于现水月寺中学院内。花开时节，蜂飞蝶绕，香溢八方。

四百年来，槠树同岁月进行了千百次决战，对艰辛、坎坷、挫折、沧桑有着自己深邃的诠释！这种诠释也许不是最优美的姿势，也许不是最动人的图画，而是它勇敢而又坚定的守望！如同这所学校的老师，从不攀比，从不抱怨，从不回避，从不算计，一生执着地站立讲台，毅然为学生擎起一片蓝天。

（撰文：何少华、赵青；摄影：何少华）

麻城苦槠树，位于湖北省麻城市中驿镇水月寺中学院内

# 五老树

【古树名称】随州古银杏

【基本情况】树种：银杏 Ginkgo biloba（银杏科银杏属）；共5株，最大一株树龄2000余年；树高28米；胸径3.2米；冠幅16米×24米。

【生存现状】树叶绿色，目测无明显枯叶、焦黄叶；树枝正常，无枯枝、死枝；主干正常，偶有腐斑；冠形较好，无严重的病虫害，但有银杏小卷叶蛾危害；总体上生长状况良好。

【保健措施】常年开展监测，观察是否有病虫危害，做好记录，发现病虫情，及时上报；适时施药，防治银杏小卷叶蛾危害；冬季涂白、防虫防冻；适时施肥培土，保证树木生长养分和地面透水透气；控制周边区域除草剂使用量；合理控制人为干预，加强保护，防止人畜破坏。

随州古银杏，位于湖北省随州市曾都区洛阳镇永兴村周氏祠

在随州市曾都区洛阳镇永兴村周氏祠旁，有五棵树龄均在2000年以上的白果树，树根盘结，枝叶交错，相依相扶，荫盖数亩，尽成连理。历尽岁月劫数，至今安然无恙，棵棵高耸挺拔，潇洒飘逸，神态自若，当地人称它们为五老树。

当年，孔子虽然是三千弟子的老师，仍被很多似明了非明了的问题所困惑。于是，他带了几个弟子到南方向老子请教。翻山越岭，在青林山下与老子相遇。老子把孔子及其弟子引到五老树下，席地而坐。孔子向老子请教"道"。老子用手中的拐杖指了指天，指了指地，然后在空中划了个圈。孔子说："你是说'道'就是事物发展的规律？"老子点了点头。孔子又问："如何遵道？"老子没有回答，只是用拐杖指了指附近的农家，点了点五老树。孔子有所悟："你是说栽树人不要把树栽在花盆里，也不要让树干扭曲变形，不伤害树的本性，而是把树移栽到土层深厚、水分充足的地方，做到顺其自然，因势利导，就是遵守树道？遵守了，这五棵树才如此茂盛？"老子点了点头。孔子又问："什么是人道呢？"老子用拐杖砸开身边的一枚白果，让孔子看。孔子看到了一个大大的果仁，忙说："仁就是人道？人道就是爱人？就是自己不想做的事不要强迫别人去做，自己不想要的东西，也不要强加给别人？"老子点了点头。孔子又问："怎样修养人道呢？"老子用拐杖敲了敲树根，指了指树上的白果。孔子想了想，白果树发达的根须深扎土中，开小花，结大果；花的色彩纯朴得与叶一样绿，果素白，壳薄仁大。于是说："你是说心系百姓是做人的根基，做人要保持百姓本色，做事要朴实无华，诚实守信；个人生活要俭朴廉

洁，心中却时刻关爱着他人，这样才能修养人道？"老子再一次点了点头。

孔子向老子请教，老子一句话没说，孔子却明白了请教的问题。为了感谢五老树的示范启迪，便率领弟子们给五老树磕头谢师。

这便是随州人喜欢讲的"老子不说"的典故。

几千年来，五老树历经风风雨雨，至今仍保持着顽强的生命力。其冠荫盖数亩，阳春开花，金秋献实，枝繁叶茂，生机盎然，年复一年，生生不息。五老树年可产果一千余斤，自然脱落，果大而圆，吃了可以健身，延年益寿。

五老树带给人们高大威严、朴实无华、俭朴廉洁的精神感染，也带来了丰富的物质收益。以五老树为核心的千年银杏谷风景区，引来各地游客观光。特别是金秋季节，游客络绎不绝，站在五老树下，感悟人生，流连忘返……

银杏树具有独特的生态价值、科研价值和经济价值。五老树是千万棵银杏树中的杰出代表，其高大的身材、宽广的胸怀，正张开双臂广纳宾朋好友；其高尚的品质、顽强的毅力、不屈的精神，正激励人们追求生命的真谛。

（撰文：孙德全、阳金华；摄影：孙德全）

# 魂牵梦萦的垂丝海棠

【古树名称】宜兴海棠

【基本情况】树种：海棠 *Malus halliana*（蔷薇科苹果属）；树龄930余年；树高6米；平均冠幅7米。

【生存现状】现为老根上发出的新枝，总体生长状况较好，树形饱满，无枯死树枝，开花正常，叶茂花盛，无严重的病虫害。

【保健措施】定期开展监测，观察是否有病虫危害，做好记录，发现病虫情，及时防治；采取松土、浇水、施肥、叶面喷水等管护措施，保证树木生长养分和地面透水透气；控制周边区域除草剂使用量；建造保护围墙，减少人为活动对古树的影响。

在宜兴市和桥镇闸口村，邵氏村民的故宅庭院里，有一株植于北宋神宗元丰七年（1084年）冬的垂丝海棠。这株海棠为大文学家苏轼手植，至今已春华秋实近千年。现存的海棠系原海棠树根萌生的新枝。每年清明节前，海棠抽发新枝，叶丛中下垂红丝花柄，系挂着紫红色花蕾，春暖后分批开花。

由于这株海棠原为苏东坡手植，因而留下了一段东坡先生魂牵梦萦海棠树的佳话。苏轼官至礼部尚书（副宰相）兼端名殿学士和翰林侍读学士，但仕途沉浮，曾遭贬黄州任地方官。

1084年，苏轼遭贬后放归阳羡（宜兴古称），来闸口村学生邵名瞻家中做客，亲手栽种了这株海棠。东坡来江苏时，曾携带海棠3株，一株贴梗海棠植于宜兴蜀山，于北宋神宗熙宁年间枯萎；一株香海棠植于常州小营前孙氏馆内，清入关时毁于兵焚；现仅存这株垂丝海棠。邵氏与老师东坡情笃，师生经常信函往来，东坡每每询问"海棠无恙否？"并于海棠园堂前亲笔题"天远堂"匾额。

世事沧桑，几度春秋。苏氏后裔不忘祖先手植海棠，来宜兴重访先祖遗迹后，在"天远堂"前悬挂了"海棠无恙""棠荫垂芳"的匾额，并有"海棠树下看金枝玉叶，遥从巴蜀西来；天远堂前听铜钹铁板，高唱大江东去"的楹联。邵氏旅美后裔也在海棠园立石纪事，缅怀先贤。1952年

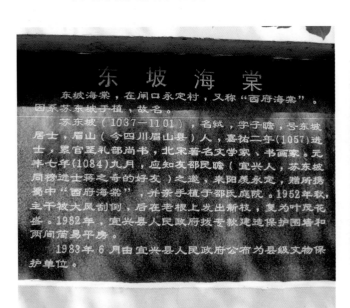

宜兴海棠，位于江苏省宜兴市和桥镇闸口村

秋，主干被大风刮倒，后在老根上发出新枝，复为叶茂花盛。1974年，宜兴市曾拨款修葺海棠园，并有专人管护东坡手植海棠。1982年，宜兴市人民政府拨专款建造保护围墙和两间简易平房。1983年6月，由宜兴市政府公布为县级文物保护单位。每年仲春，东坡先生手植海棠盛开时，远近赏花者络绎不绝。 （撰文：翁琴；摄影：无锡市绿委办倪晶）

# 全国第一紫藤

【古树名称】衡阳紫藤

【基本情况】树种：紫藤 *Wisteria sinensis*（豆科紫藤属）；树龄450余年；胸径0.4米，在1.8米树高处向南北分叉，南北枝条各长10余米。

【生存现状】树叶绿色，目测无明显枯叶、焦黄叶；树枝正常，无枯枝、死枝；主干正常；冠形饱满，无缺损；无严重的病虫危害；总体上生长状况良好，长势旺盛。

【保健措施】定期开展监测，观察是否有病虫危害，做好记录，发现病虫情，及时上报；处理枝干腐烂等；采取浇水、施肥等措施，保证树木生长养分供给和地面透水透气；控制周边区域除草剂使用量；合理控制人为干预，减少人为活动对古树的影响或伤害。

李白曾有诗云："紫藤挂云木，花蔓宜阳春。密叶隐歌鸟，香风留美人。"赞美的是暮春时节的紫藤，一串串硕大的花穗垂挂枝头，紫中带蓝，灿若云霞的美丽景象。在衡阳县曲兰镇王船山故居湘西草堂旁边，就有一株这样的紫藤。

## 盘曲在7株古树上，枝繁叶茂

湘西草堂，坐落在衡阳县曲兰镇。从西渡镇出发，到那里只要大约40分钟的车程。

衡阳紫藤，位于湖南省衡阳县曲兰镇湘西村水口组

走近湘西草堂，扑面而来的是古色古香、清新雅致的乡村气息。草堂右后侧200米的一处小山坡上，有一株古藤，盘根错节，缠绕于几株大树上，形似一条飞天巨龙。这株古藤就是紫藤，树龄超过450年。王船山晚年居住在此，与古藤相伴，感叹这株古藤形似蛟龙，称赞它为"藤龙"。

紫藤是豆科植物，也叫藤萝、朱藤，原产于中国，它对于气候和土壤的适应性极强，在华北、长江流域以及广东都有分布。紫藤是花木中少见的高大藤本，叶形美丽，花串垂长，风姿与众不同，显得十分雅观。

湘西草堂的"藤龙"，蜿蜒盘曲于7株百年以上的古树上，细枝纷繁，翠叶浓密，形态非常酷似一条盘旋在东西方向的巨龙。

东方的是龙头，400多年来一直在向上生长，蜿蜒盘旋在一株闽楠和五株黄连木之上，沿着它们的身躯向上缠绕。西方的是龙尾，胸围很细，盘旋在一株黄连木上，不断的向下生长。这株古紫藤，不仅有历史文化背景，而且树龄悠久，形态优美，可以说是世上最珍贵的紫藤树之一。

## 龙王的"金腰带"，具有神奇药效

这株紫藤树还有一段美丽的传说。

相传，东海龙王下凡在人间微服私访时走累了，便在一座名叫石船山的山下小憩，解带宽衣，凉爽身体。离开时忘记带走缠在身上的金腰带，于是这腰带就化为一株龙形紫藤，长势旺盛，历久不衰。

村里有不少村民，认为这株古藤是"灵药"，吃了能祛病消灾。"说来也奇怪，当时村里有小孩生病了，父母就带着孩子来到这株古藤旁，诚心拜一拜，再剥一些紫藤皮给孩子吃。过段时间，孩子的病就自然好了"。

紫藤的茎、皮、花、种子都能入药。紫藤皮可以杀虫、止痛，对风痹痛、蛲虫病等有特殊功效。所以，紫藤能治病是有科学依据的。

但谁又会想到，这株紫藤树曾从虫灾中死里逃生。

10年前，这株古紫藤遭受了严重的白蚁侵蚀，整个树根几乎被蛀食一空。幸亏被林业部门的工作人员及时发现，经过市白蚁防治所的抢救，这株古藤才重获新生。

古藤的根扎得浅，为了保护紫藤，衡阳县林业局在紫藤旁砌了一圈护坡，对根部进行了加固，让它得以保持勃勃生机。

观赏这株古紫藤的最佳时间是每年的3月底至4月初。当紫藤开出烂漫绚丽的紫色花朵，串串花序悬挂于绿叶藤蔓之间迎风摇曳，那真是难得一见的景观。

（撰文：晚报记者金明达；摄影：晚报记者罗盟）

# 东坡双槐

【古树名称】定州古槐

【基本情况】树种：槐树 *Sophora japonica*（豆科槐属）；有龙槐和凤槐2株，平均树龄920年，龙槐树高13米，胸径1.1米，平均冠幅13米；凤槐树高14米，胸径1.89米，平均冠幅15米。

【生存现状】古槐在文庙前院，东西各一棵。东者树根凸露，如巨大的龙爪匍匐于地，躯干镂空成片块状，树根、躯干纠缠在一起；西者躯干分裂成板条状的两部分，各向东西，中空，可容纳一七八岁小孩，可卧可立。只看躯干，形似枯树，可抬头往上，枝叶繁茂，绿意浓浓。每棵古槐冠幅都在10米开外，似两个巨大的绿色伞盖。

【保健措施】树基周围建有石质隔栏，数个立柱支撑着粗枝；国槐尺蠖发生期及时喷药进行除治。

东坡双槐历经千年，却"干枯而枝绿"，游人观之，无不称奇。

苏东坡是中国文学史上著名的大文学家、书画家。作为当时文坛盟主，却因直言进谏而多次遭受权臣排挤。宋哲宗元佑八年（公元1093年），在政治上受到冷落的他，又遭逢爱妻去世的不幸。他便以双学士的身份上书要求出知"重难边郡"，哲宗批准了他的请求，命他出知定州。当时定州是一个北邻辽国的军事重镇，但边备松驰。苏东坡来到定州

定州古槐（凤槐、龙槐），位于河北省定州市博物馆院内

定州古槐（龙槐）

赏雾凇

后，一边整顿军纪，增修弓箭社；一边赈济饥民，发展农桑种植。恰逢植树季节，于是便来到文庙种下了这两棵槐树，以物喻志，寄托他对已逝妻子的哀思。这两棵古槐树，"东者葱郁如舞凤，西者权桠飒拔像神龙"，因此又被称作东坡龙凤双槐，至今已有九百多年的历史了。

（撰文：彭永波；摄影：于常见）

# 追古溯今的林公夏橡

【古树名称】霍城橡树

【基本情况】树种：橡树 *Quercus robur*（壳斗科栎属）；4株，树龄均在110年以上；最大一株树高26米；胸径0.82米；
平均冠幅14米。

【生存现状】主要病虫害有蚜虫和白粉病。

【保健措施】疏松根部土壤，增加营养物质的吸收，增强树势。发现蚜虫和白粉病为害，及时喷药防治。

当春风带着一丝丝暖意来到祖国大地时，在惠远人的心中，又勾起了一份记忆。生长在霍城县惠远镇北大街，距钟鼓楼北侧约600米处的夏橡树，带着它与众不同的古城气质，让霍城县惠远镇充满生机，让人们轻松地感受这片土地的独特魅力。

橡树被视为神秘之树。传说这种高大粗壮的树木的掌管者是希腊主神宙斯、罗马爱神丘比特以及灶神维斯塔。传说，在宙斯神殿的山地森林里，矗立着一棵颇具神力的参天

霍城橡树，位于新疆维吾尔自治区霍城县惠远镇

橡树，橡树叶的沙沙声就是主神宙斯对希腊人的晓喻。许多国家皆将橡树视为圣树，认为它具有魔力，是长寿、强壮和骄傲的象征。橡树材质坚硬，树冠宽大，有"森林之王"的美称。

夏橡又称夏栎，也叫英国栎，在植物分类学上属于壳斗科栎属。夏橡原产于欧洲。夏橡材质坚硬，被誉为木材中的钢铁，在欧洲，许多知名葡萄酒的酿造木桶多以夏橡为原材料。夏橡树皮褐灰色，细裂纹，幼枝棕灰色，叶互生，较厚平滑光泽。坚果椭圆形，可以食用或制取淀粉、榨油。夏橡抗寒性强，能耐零下40℃低温，耐高温且抗干旱、抗风力强，气温高达38℃以上无叶灼现象，抗干旱能力胜过白蜡、圆冠榆等树种。夏橡树型高大，树姿优美，树干通直，枝叶茂密浓郁，是四旁绿化和珍贵的庭园观赏树种。

夏橡树干高可达30余米，冠幅达18～22.5米，苗壮雄伟，远远望去，好似地平线上的参天巨擎，仪态庄严，气势磅礴。

诗人舒婷在《致橡树》中歌颂的橡树，在霍城县惠远镇有35棵。目前，这4棵郁郁葱葱的夏橡树，已成为人们观光旅游的景观树之一。在这4棵夏橡中，最大的一株树高26米，胸径0.82米，冠幅14米。距离这四株夏橡1公里处的惠远镇央布拉克村，还有31株夏橡，其中百年以上的就有18株。

据说，1842年，发配新疆伊犁的林则徐集思广益，率领伊犁河谷138乡各族百姓，从喀什河老龙口拦河围堰筑造大坝，修建河道、开挖大河渠，引喀什河水灌溉伊犁十余万亩良田。庞大而壮观的水利枢纽工程，创造了我国近代史上著名的大皇渠。大皇渠水利枢纽工程，彻底解决了伊犁河流域的农田水利灌溉问题。直到今天，该工程还继续发挥着重要的作用。

皇渠水欢快奔流，一百多年来哺育了一代又一代沿渠两岸的各族群众，百姓亲切地称皇渠为林公渠。解决了灌溉用水问题，林则徐又率领伊犁各族人民开荒造田。为了防止风沙、干热风暴等多种自然灾害，他带领伊犁各族人民，广植树，多造林，栽植防风林，开创了我国历史上以植树造林为农田防风林网化的先河，防风林的建成保护了十余万亩的农田。

据说，这4颗夏橡是当地百姓为缅怀伟大的民族英雄林则徐自发栽种的，以纪念他高尚的人格和伟大的品质。参天的古树枝繁叶茂，被当地人称为林公树。

伊犁的各族人民，用宽阔的胸襟、悲悯的情怀接纳了晚年受冤落难的林则徐。而林则徐知恩图报，殚精竭虑，对新

疆的开发建设做出了不可磨灭的贡献。因此，新疆至今仍流传有"林公渠""林公树"的动人故事。

悠悠百年的历史沉淀，源自霍城县惠远镇脚下的橡树。惠远镇滋养了那些橡树，可有多少人知道这座拥有百年老树的惠远古城，从朝阳冉冉升起到夕阳西下，编织了多少个夏橡的传奇故事。

一弯弓月挂在天空，满天的繁星躲藏起来不少。一眼望去，路灯泛着一缕缕橘黄色的光芒，好像是嗑睡人的眼睛。过往的车辆闪着或明或暗的灯光匆忙而过。月光、灯光照得橡树影影绰绰。社会在前进，人心在思变，这一棵棵夏橡树也正在见证惠远的沧桑变迁，亲历惠远的建设、目睹惠远的惊人变化，怎能不让人喜上眉梢呢！　　　（撰文、摄影：骆娟）

# 诸葛庐前拴马楸

【古树名称】南阳楸树

【基本情况】树种：楸树 *Catalpa bungei*（紫葳科梓属）；树龄近2000年；树高8.5米；胸径2.5米；冠幅7米×7米。

【生存现状】树叶绿色，目测无明显枯叶、焦黄叶；树枝正常，无枯枝、死枝；因遭遇雷电袭击，树干受损，树皮开裂，且向西南方向倾斜约40°；主干下部有树洞，仅靠树皮输送养分，长势一般；无严重的病虫害。

【保健措施】定期开展监测，观察是否有病虫危害，做好记录，发现病虫情，及时上报；在生长季节应中耕松土，冬季进行深翻，施有机肥料，以改善土壤的结构及透气性；加强肥水管理。古楸树生长势弱，根系吸收能力差，故施肥时不能施大肥、浓肥；在缓坡地带挖水平沟，筑成截留雨水的土坝，以满足古楸树对水分的需要；一旦发现病虫害，立即组织人员喷施农药进行防治。

传说诸葛亮躬耕隐居的卧龙岗有三棵楸树，刘备三顾茅庐时，刘、关、张曾将马拴在楸树上。由于历史变迁，现仅存一棵，而且因遭遇雷电袭击，树干受损，树皮开裂，向西南方向倾斜严重。为保护这棵饱经风霜的古楸树，后人用柱子支撑、铁条紧缚，对其进行加固。令人称奇的是，仅靠树皮吸收营养的树干又枯木逢春，分别从东、西、南三个方向抽出三个大的主枝，形成了今日郁郁葱葱的树冠。

关于倾斜的树体还有一个说法。当年刘备三顾茅庐时，老见不着卧龙先生，耐不住性子的张飞便要闯进茅庐去，被刘、关二人急忙拉住，张飞一气之下，一脚踩在这棵楸树上，将枝蹬歪。这棵树从此再也直不起来，越长越倾斜，最终长成了现在这个样子。

近年，武侯祠自筹资金对该树进行养护复壮，使得古楸树在今人呵护下茁壮生长，也得以继续向人们诉说历史变迁的沧桑。

（撰文、摄影：范培林）

南阳楸树，位于河南省南阳武侯祠三顾处牌坊前

# 第四篇　历史标杆

每有见闻出新景，便欲寻源释迷津。

迎客松前念黄山，洪洞槐树寄乡情。

该篇讲述的古树具有标识地理或重大历史事件的标志性意义。古树标的物增添了古树的神秘感，进一步催生出人们对古树的好奇，强化了人们探寻古树究竟的愿望，使人在欣赏美丽风景中陶冶情操，感悟中华文化的博大精深。

# 仓颉手植柏

【古树名称】白水侧柏

【基本情况】树种：侧柏 *Platycladus orientalis*（柏科侧柏属）；树龄约5000年；树高17米；胸径2米；平均冠幅12米。

【生存现状】局部有枯枝，无明显枯叶、焦黄叶，冠形饱满，无缺损，未发现严重病虫害。总体生长状况一般，树势有衰退迹象。

【保健措施】清除枯枝，清理杂草，改善生长环境；修建围栏，浇水施肥，补充营养。

白水侧柏，位于陕西省白水县史官镇仓颉庙内

　　仓颉是陕西白水县武村（今史官乡）人，为轩辕黄帝的左史官与造字始祖，他开创了华夏文明的新篇章，结束了结绳记事的历史，被后人称为"万代文字之宗，千古士儒之师"。轩辕黄帝对仓颉非常欣赏，特赐给他一个"仓"姓，意为"君上一人"，仓颉原本复姓侯冈，得到黄帝的赏识后他并不贪功，而是改"仓"为"苍"，以此证明自己只是一介草民。

　　仓颉庙内共有48棵古柏，这些古柏树龄最短的也超过千年，比山东曲阜孔庙、黄帝陵古柏都长寿，这里的古柏群居我国三大古柏群之首。而在这48棵古柏中，当以年龄最大的仓颉手植柏"奎星点元"为首，它有5000多年树龄。站在树下看，它的树身犹如飞流直下的一股巨流，碰到形似石块的树杈，卷起浪花无数，因此又称"瀑布柏"。值得一提的是，这株古柏的东北角上方，在茂密的树叶遮盖之下，有一枝干酷似一只长颈鹿，嘴里衔着一株小草，伸着长长的脖子，睁着圆圆的大眼睛，遥望西方。这来自一个传说：黄帝赐姓后，仓颉在自己亲手栽植的柏树上，变作长颈鹿，口衔小草，朝着黄帝长眠的西方，永久地感谢和报答黄帝的知遇之恩。

（撰文：李有忠；摄影：薛百怀、李咏梅）

# 黄山迎客松 ——"天下第一松"

【古树名称】黄山迎客松

【基本情况】树种：黄山松 *Pinus taiwanensis*（松科松属）；树龄800年；树高10.2米；胸径0.7米；冠幅10.7米×13.7米。

【生存现状】已迈入老年期，整体生长健康。

【保健措施】对迎客松的保护管理，首先是加强监测体系建设，对迎客松的生长量、物候观测记录；采用SET230R电子全站仪监测树体倾斜状况，实时检测保护设施防雷情况。二是设置专人实行24小时守护，及时发现和处置人为因素、自然因素等造成的破坏或损害行为。三是科学管护，2013年，对迎客松实施了观景平台铺装改造、应急保护平台升级改造等保护工程；深入开展科学研究，每年至少一次组织由森林病理、森林昆虫、植物生理、菌物、土壤营养等领域专家对迎客松进行例行体检。

被誉为"天下第一奇山"的安徽黄山，以奇松、怪石、云海、温泉"四绝"闻名于世。而人们对黄山奇松，更是情有独钟，山顶上，陡崖边，处处都有它们潇洒、挺秀的身影。

迎客松为黄山特级保护古树名木，被誉为"天下第一松"，列入世界文化遗产名录。它挺立于海拔1670米的玉屏楼青狮石旁。"巨石排空，青狮白象相对出，苍松扼立，天都玉屏接引来"，迎客松树冠如幡似盖，姿态优美，枝干遒劲，虽然饱经风霜，却仍然郁郁苍苍，充满生机。它有一丛青翠的枝干斜伸出去，如同好客的主人伸出手臂，热情地欢迎宾客的到来，展现欲揽五湖四海、迎送八方宾朋的雍容俊美的姿态；又似颔首展臂向游人致意，天然神态，令人叫绝。国画大师黄宾虹曾赋诗赞曰："今古几游客，劳劳管送迎；苍官不知老，披拂自多情。"还有人赞誉说："奇松傲立玉屏前，阅尽沧桑色更鲜。双臂垂迎天下客，包容四海寿千年。"

黄山最妙的观松处，当然是曾被徐霞客称为"黄山绝胜处"的玉屏楼了，楼前悬崖上有"迎客""陪客""送客"三大名松。如今，这棵迎客松已经成为黄山奇松的代表，乃至

黄山迎客松，位于安徽黄山风景区玉屏景区玉屏楼青狮石边

整个黄山的象征了。

　　迎客松作为中国人民同世界人民友好的象征，早已蜚声中外。1959年，巨幅铁画《迎客松》被悬挂在北京人民大会堂安徽厅里，党和国家领导人多次在铁画前与外国客人合影

留念。1994年，人民大会堂东大厅也悬挂了黄山籍画家刘晖所作国画《迎客松》，它见证了我国与世界各国人民所结下的深厚友谊，被颂为国之瑰宝，是当之无愧的。

　　　　　　　　　　　　（撰文：吴俊；摄影：李金水、胡晓春）

# 寄托乡情的大槐树

【古树名称】洪洞大槐树

【基本情况】树种：槐树 *Sophora japonica*（豆科槐属）；树龄100年；树高20米；胸径2米；平均冠幅20米。

【生存现状】现为第三代槐树，由第二代树根滋生而来。枝繁叶茂，长势良好。

【保健措施】周围建有石质扶栏以保护树体。公园内设绿化队专司管护和监测职责，每日巡查干部及树冠。

洪洞大槐树，位于山西省洪洞县大槐树寻根祭祖园内

"问我祖先来何处？山西洪洞大槐树。祖先故里叫什么，大槐树下老鸹窝""山西洪洞大槐树"成为移民文化的一种象征，槐树遂又成为"祖"树之标识，在明清时期被赋予新的民俗文化内涵。

事情要追溯到元末明初。元朝末年，战争连绵不断，严重破坏了社会经济。到了明朝初年，我国许多地方，特别是江淮以北大部分地区呈现民多逃亡、城廓为墟、田地荒芜的冷落、凄凉景象。山东、河南、河北受战乱破坏最为严重。到了永乐初年，情况仍未好转。战争的创伤尚未愈合，紧接着又出现了较大的天灾。史载：永乐元年（1403年）甲午，直隶、北京、山东、河南饥。庚寅，山东蝗。丁酉，河南蝗。永乐二年八月，淫雨毁北京城5000余丈。十月，黄河决口，冲毁开封城。

面对社会经济异常凋敝的情况，朱元璋和朱棣意识到，如果不采取有力措施加以扭转，对于新生的明王朝是十分不利的。于是，明立国之初，朱元璋决定实行"移民屯田，开垦荒地"的政策。当时，就北方来说，山西受战争破坏较小，四方安宁，而且多年风调雨顺，五谷丰登。特别是汾河沿岸广大地区，地沃水足，人烟尤为稠密。于是，明洪武、永乐年间，政府便大量从山西南部迁民。

从现有史料来看，明初从山西迁民共有6次，这些移民，有的被迁移到山东、河南、河北、北京，有的被迁移到遥远的淮河以南。至今在北京大兴、顺义等区（县），还有许多以山西的县名命名的村庄，如长子营、屯留营、霍州营等。

民国《洪洞县志》载："大槐树在城北广济寺左。按《文献通考》，明洪武、永乐年间屡徙山西民于北平、山东、河南等处，树下为集会之所，传闻广济寺设局置员，发给凭照川资。"当时洪洞县人口稠密，地处交通要道，官府就在

广济寺"设局驻员",凡移民,都要集中在这里登记造册,发给"凭照川资",并由这里编队迁出。接下来,移民们在这里踏上了背井离乡的征程。他们拖儿带女,扶老携幼,悲伤哭啼,频频回首,渐行渐远,亲人的面孔逐渐模糊,所能见的便是那棵大槐树,栖息在树杈间的老鸹不断地发出声声哀鸣。因此,大槐树和老鸹窝就成了移民惜别家乡的标识。据考证,洪洞古大槐树移民分布在全国11个省市的227个县。槐树也就成了移民们怀祖的寄托,以致于移民们到达迁入地建村立庄时,多在村庄最显要的地方种植一棵槐树,以此表达对故土及祖先的怀念之情。随着时间的流逝,幼槐成了古槐,古槐成了故乡、祖先的象征。所以,移民后裔们视古槐为"祖先",向古槐祈求吉凶祸福,希望通过祭拜古槐,寄托对祖先的崇敬和追思。

(撰文、摄影:范俊秀)

二、三代槐树

The 2G, 3G Scholar Trees

这就是由古大槐树滋生的二代槐树,距今已有400多年的历史。由二代槐树同根滋生的三代槐树距今也有近百年的历史,当年移民告别故土时,无不把大槐树当作家乡的象征,迁入新地后,纷纷在庭院种植槐树,并悬挂一个吉祥挂件以祈求故土的保佑,寄托对故土的思恋。

This is the 400-year-old 2G Scholar Tree which was bred by the Old Grand Scholar Tree. The 3G Scholar Tree bred by the 2G Scholar Tree also has a history of a hundred of years. The emigrants regarded the grand scholar tree as an emblem of hometown, so when they settled in their new residence, they would plant scholar trees in their courtyards. They hung a mascot on the tree to pray for the blessings of their hometown and to express their nostalgia.

# 老子手植银杏

【古树名称】周至银杏

【基本情况】树种：银杏 *Ginkgo biloba*（银杏科银杏属）；树龄2600余年；树高11米；胸径9.5米；冠幅113米。

【生存现状】曾遭火灾，树心已空，只剩薄薄的外皮，但大树依然枝繁叶茂；少量侧枝有枯枝、死枝；无病虫害。总体生长状况良好，长势旺盛。

【保健措施】及时处理枝干腐烂、树洞；浇水施肥、叶面喷水，保证树木生长养分和地面透水透气；控制周边区域除草剂使用量；定期开展监测，及时施药防治。

生长于周至县的这株银杏树，相传是老子在楼观台亲手所植，当地百姓奉若神明，焚香跪拜，祈福延寿，希望得到保佑。每逢初一、十五，当地百姓便到银杏树下焚香还愿，挂红布条、燃放鞭炮者络绎不绝，遂形成当地一大民俗。

这株银杏树还有一则趣闻：1972年，日本首相田中角荣访华，与周总理谈判国事，涉及中日历史上互有交往的话题。田中说，中日友好的标志之一就是唐代鉴真和尚把银杏树种传到了中国。周总理则说，中日交流，源远流长，但银杏树应该是由鉴真和尚带到日本去的，中国的楼观台就有周代老子亲手栽植的古银杏树。对此，日方表示怀疑，中方随后专门安排其前往楼观台勘察，证实周总理的说法。

（撰文：李有忠；摄影：王文娣、孟社利）

周至银杏，位于陕西省西安市周至县楼观台宗圣宫

# 文庙地灵汉柏古

【古树名称】孔庙汉柏

【基本情况】树种：圆柏 *Sabina chinensis*（柏科圆柏属）；树龄2100多年；树高12.5米；胸径1.25米；冠幅7.5米×9.6米。

【生存现状】有不同程度的茎腐现象，树冠失衡，容易风折或倒伏。在东南方向裸露朽腐的木质部且成朽洞，树干处也有近球形疤瘤。

【保健措施】延缓腐朽速度和加强树干强度，提高抗折力。主要方法：掏洞和钢丝网封补树洞法修补茎腐；改善排水系统，确保雨季排水顺畅，不积水，促进古柏根系的正常生长和古柏树势的恢复，提高古柏的抗倒抗折力。加强虫害防治管理，发现虫情及时除治。

在素有"东方圣城"美誉的山东省曲阜市，不仅保存有众多的文物古迹，还留下了大量历经沧桑如今依旧保持着旺盛生命力的古树。曲阜孔庙大成殿前的汉柏就是典型的一株。相传此树植于汉代，是孔庙内现存最古老的一棵古树，树龄2100多年。汉柏历经世代苍桑，苍翠挺拔，树干不枯，枝叶葱郁，整株树体生机盎然，与大成殿相衬相伴，很是壮观。

柏是一类常见的庙宇树种。曲阜孔庙大成殿前的汉柏，没有正顶，仅东、南方向各有一主枝下垂，有"念咒语发二枝"之传说，铸就了文豪孔继涑"玉虹法帖刻石"的旷世业绩。其树皮灰褐色，树干通直，树纹略有扭曲，清康熙年间孔毓埏有《汉柏诗》，内有"鲁王宫已没，翠柏尚含情。何代移新甫，于今傍大成。名因易世古，干以饱霜轻。殿阁微风起，萧然万壑清"。

孔庙汉柏，位于山东省曲阜市孔庙大成殿院内

孔庙古柏是曲阜市旅游景区和城市园林绿化的重要组成部分，是曲阜的"城市森林"，不仅具有极高的艺术观赏价值和文物价值，而且还有重要的科学研究价值。"名园易建，古树难求"，尤其是孔庙内的古柏，是"活的文物"，是无价之宝。为求"古柏常青人长寿"，后人加强了对古柏的管理和保护，对古柏的生物学特性进行了研究。1990年2月23日，曲阜市第十一届人大常委会确定圆柏为曲阜市市树。

千百年来，这棵古柏树伴随着岁月的脚步，记忆着曲阜的家国天下，见证着朝代的兴衰起落，是大自然留给人类的宝贵财富和文化遗产。如今，在人们的精心呵护下，古柏苍翠挺拔，生机盎然，俨然成为孔庙一道靓丽的风景，日复一日，以其婀娜的身姿，喜迎八方游客，令游人观瞻不绝，铸就了"文庙地灵汉柏古，讲坛春暖杏花香"。

（撰文、摄影：邢殿菊）

# 长城　古寺　红柳

【古树名称】府谷红柳

**【基本情况】** 树种：多枝柽柳 *Tamarix ramosissima*（柽柳科柽柳属）；树龄约2300年；树高5.3米；胸径0.4米；平均冠幅6米。

**【生存现状】** 整体长势良好，局部有枯枝，未发现病虫害侵害。树体培土较少，周围墙体对其生长存在影响。

**【保健措施】** 拆除墙体，填充培土，改善生长环境；清除枯枝，浇水施肥，恢复补充营养；开展病虫监测，及时施药防治。

（李有忠）

中国北方最明显的地理标志就是长城。从山海关到嘉峪关，逶迤连绵穿行在崇山峻岭之上，将秦汉到明清的文化符号一一镌刻在苍茫的大地上。如果是夕阳西下的时候，一抹红霞涂染了曲曲折折的石墙，又为烽火台、戍楼勾勒出金色的轮廓。这时，你遥望天边的归雁，听北风掠过衰草黄沙，心头不由会泛起一种历史的苍凉。可是谁也没有注意到万里长城由东向西进入陕北府谷境内后，轻轻地拐了一个弯。这

个弯子很像旧时耕地的犁，此处就叫犁辕山。这气势浩大，如大河奔流般的长城，怎么说拐就拐了呢。现在能给出的解释，只是为了一座寺和一棵树——一棵红柳树。

那天，我沿着长城一线走到犁辕山头，一抬眼就被这棵红柳惊呆了，心中暗叫：好一个树神。红柳是专门在沙漠或贫脊土地上生长的一种灌木，极耐干旱、风沙、盐碱。因为生在严酷的环境下，他长不高，也长不粗。当年我曾在乌兰

府谷红柳，位于陕西省府谷县黎元山智通寺

布和沙漠的边缘工作，常与红柳为伴。它大部分的枝条只有筷子粗细，披散着身子，匍匐在烈日黄沙中或白花花的碱滩上。为减少水分的流失，它的叶子极小，成细穗状，如不注意你都看不到它的叶片。这红柳自己活得艰苦却不忘舍身济世。它的枝叶煮水可治小儿麻疹。它的枝条鲜红艳丽，韧性极好，是农民编筐、编篱笆墙的好材料。我大约有一年多的时间，就住在红篱笆墙的院子里，每天挑着红柳筐出入。如果收工时筐里再装些黄玉米、绿西瓜，这在一色黄土的塞外真是难得一见的风景。但它最大的用途是防风固沙，防止水土流失。红柳与沙棘、柠条、骆驼刺等，都是黄土地上矮小无名的植物，最不求闻达，耐得寂寞，许多人都叫不出它的名字。但是眼前的这棵红柳却长成了一株高大的乔木，有一房之高，一抱之粗。它挺立在一座古寺旁，深红的树干，虬劲的老枝，浑身鼓着拳头大的筋结，像是铁水或者岩浆冷却后的的凝聚。我知道这是烈日、严霜、风沙、干旱九蒸九晒、千难万磨的结果。而在这些筋结旁又生出一簇簇柔嫩的新枝，开满紫色的小花，劲如钢丝，灿若朝霞。只有万里长城的秦关汉月、漠风塞雪才能孕育出这样的精灵。它高大的身躯摇曳着，扫着湛蓝的天空，覆盖着这座乡间的古寺，一幅古典的风景画。而奇怪的是，这庙门上还挂着一块牌子：长城保护站。

　　站长姓刘。我问保护站怎么会设在这里？他说：这是佛缘。说是保护站，其实是几个志愿者自发成立的团体。老刘当过兵，在部队上曾是一个营教导员，他给战士讲课，总说军队是长城，退下来后回到了长城脚下，看着这些残破的戍楼土墙，心里说不清是什么味道，就想保护长城。府谷境内共有明代长城100公里，上有墩台196个，这寺正好在长城的中点。他每次走到这里，就在这棵红柳树下歇歇脚，四周少林无树，就只有这一点绿色。放眼望去，茫茫高原，沟壑纵横，万里长城奔来眼底。他稍一闭眼，就听到马嘶镝鸣，隐隐杀声。可再一睁眼，只有残破的城墙和这株与他相依为命的红柳。一开始为了巡视方便，他就借住在寺里。后来身边慢慢聚集了五六个志愿者，就挂起了牌子。

　　人们常说"天下名山僧占尽"，可这里并不是什么名山，黄土高原，深沟大壑，山穷水枯。也可能就是那"犁辕"一弯，这里才被先民视为风水宝地。犁弯子就是粮袋子，象征着永远的丰收。在这里盖寺庙是寄托生存的希望。寺不知起于何时，几毁几修，仍香火不绝。最后一次毁于"文革"，被夷为平地。但奇怪的是，这寺无论毁了多少次，墙边的那棵红柳却顽强地生存下来，于是就成了重新起殿建寺的标记。从树的外形判断它当在千年以上，明长城距今也只有600来年。就是说当初无论是修城的将士，还是修寺的僧人，

都在仰望着这棵树工作。长城，这座我们民族抵御战争，保卫和平生活的万里长墙，在这里拐了个弯，轻轻地把这寺庙、这红柳搂在怀里。这是生命的拥抱、信仰的倾诉和文化的传递。而这棵红柳，为怕长城太孤寂，年年报得紫花开，花开香满院，又成了寺庙的灵魂。民间常有耗子成精、狐狸成精，及柳树、槐树成精的故事。红柳实现了从灌木到乔木的飞跃，算是成了精，修成了正果。它与长城与寺庙相伴，俯视人间，那密密的年轮和丝绕麻缠的筋结里不知记录了多少人世的轮回。

　　如果说长城是人工的智慧，红柳是自然的杰作，那么这寺庙就是人们心灵的驿站。先民日出而作，日入而息，背朝黄土面朝天，他们疲倦的魂灵也需要歇息。这寺庙不大，除了僧房就是佛堂。堂可容六七十人，地上一色黄绸跪垫，前面供着佛像并香烛、水果。可以说，这是我见过的国内最安静的佛堂。堂内窗明几净，无一尘之染。窗外是蓝天白云，人坐室内如在天上。这里既没有名刹大寺里烟火缭绕的喧闹，也无乡间小庙里求报心切的俗气。我少留片刻便返身出来，不忍扰其安宁。

　　我问，这座寺庙真的灵验？老刘说屡毁屡修总是有一定的道理，反正当地人信。最近一次发起修寺的是一位煤老板，煤矿总出事故，寺一起，事立止。还有，寺下有一村，村里一对小夫妻刚结婚时很恩爱，后渐成反目。妻子恨丈夫如仇敌，打骂吵闹，凶如母虎，家无宁日。公婆无奈，求之

于寺。托梦说，前世女为耕牛，男为农夫。农夫不爱惜耕牛，常喝斥鞭打，一次竟将一条牛腿打断。今世，牛转生为女，到男家来算旧账了。公婆闻之半信半疑，遂上寺许愿。未几，小夫妻和好如初，并生一子。这样的故事还可讲出不少。我不信，但教人行善总是好事，借佛道神道设教也是中国民间的传统。就问，怎么不见僧人？答曰，现在不是做功课的时间，都去山下栽树去了。想要香火旺，先要树木绿。村民信佛，寺上的人却信树。也是，没有那株红柳，那有这寺里千年不绝的香火？

保护站已成立五六年，慢慢地与寺庙成为一体。连僧带俗共十来个人，同一个院子，同一个伙房，同一本经济账。志愿者多为居士，所许的大愿便是护城修城；僧人都爱树，禅修的方式就是栽树护树。早晚寺庙里做功课时，志愿者也到佛堂里听一会儿诵经之声，静一静心；而功课之余，和尚们也会到寺下的坡上种地、浇树、巡察长城。不管是保护站还是寺上都没有专门经费。他们自食其力，自筹经费维持生活并做善事，去年共收获玉米2000斤，春天挑苦菜卖了6000元，秋里拾杏仁又收入800元。这使我想起中国古代禅宗"一日不作一日不食"的农禅思想，一切信仰都脱离不了现实。正说着，人们回来了，几个和尚穿着青布僧袍，志愿者中有农妇、老人、学生，还有临时加入的游客。手里都拿着锄头、镰刀、修树剪子，一个孩子快乐地举着一个大南瓜。有一个年轻人戴着眼镜，皮肤白晰，举止文雅，一看就不是本地人。我问这是谁，老刘说是山下电厂的工程师，山东人。一次他半夜推开院门，见寺外一顶小帐棚里一人正冷得打哆嗦，就邀回屋过夜，遂成朋友。工程师也成了志愿者，有时还带着老婆孩子上山做义工，这院子里的电器安装，他全包了。大山深处，长城脚下，黄土高原上的一所小寺庙里聚集着一群奇怪的人，过着这样有趣的生活。佛教讲来世的超度，但更讲现时的解脱：多做好事，立地成佛，心即是佛，佛即是我。山外的世界，正城市拥堵、恐怖袭击、食品污染、贪污腐化、种族战争，等等，这里却静如桃源，如在秦汉。只有长城、古寺、志愿者和一棵红柳。无论中国的儒、佛、道还是西方的宗教都以善行世，就是现在中央提倡的12条社会主义核心价值观，"友善"也赫然其中。我突然想起马致远的那首名曲《天净沙》，不觉在心里叹道：

长城古寺戍楼，蓝天绿野羊牛，栽树种瓜种豆。红柳树下，有缘人来聚首。

老刘说，其实单靠他们几个自愿者，是保护不了长城的。也曾当场抓获过偷城砖的、挖草药的，甚至还有公然用推土机把长城挖个口子的，但是都不了了之。对方眼睛瞪得比牛眼还大，说："你算个球！县长都不管呢。"确实他们一不是公安，二不是警察，遇到无赖还真没有办法。但是现在可以"曲线护城"了，这就是来借助树和佛。目前虽还没有一个管用的"护城法"，却有详细的《林业法》，作恶者敢偷砖挖土，却不敢偷树砍树。保护站就沿长城根栽上树，无论人砍、牛踏、羊啃都是犯法。而同样是巡城、执法，志愿者出来管，对方也许还要争执几句，僧人双手一合十，他就立马无言。头上三尺有神明，人人心中有个佛呀。这真是妙极，人修了寺，寺护了树，树又护了长城。文物保护、治理水土、发展林业、改善生态等，无论从哪一方面来说这都是个很有意思的典型。就像那棵无人问津、由灌木变成乔木的红柳，在这个古老的犁辕弯里也有一个少为人知、亦俗亦佛、既是环保又是文保的团体。县长下乡调研，见此很受感动，随即拨了一笔专项经费给这个不在册的保护站。县长说，这笔钱就不用审计了，他们花钱比我们还仔细。两年来老刘用这钱打了一眼井，栽了300亩的树，为站里盖了几间房。寺不可无殿，城不可无楼。他还干了一件大事，率领他的僧俗大军（其实才十来个人）走遍沿长城的村子，收回了一万多块散落在民间的长城砖，在文物局指导下修复了一个长城古戍楼。完工之日，他们在寺庙里痛痛快快地为历年阵亡的长城将士做了一个大法会。

那天采访完，我在寺上吃晚饭，大块的南瓜、土豆、红薯特别的香。他们说，这是自己种的，只有地里施了羊粪才能这样好，山外是吃不到的。饭后，我要下山，老刘送我到寺门口。香客走了，志愿者晚上回城去住，寺里突然冷清下来。晚风掠过大殿屋脊的琉璃瓦，吹出轻轻的哨声。归鸟在寺庙上空盘旋着，然后落到了墙外的林子里。夕阳又给长城染上一圈金色的轮廓。人去鸟归，万籁俱静，我突然问老刘："这么多年，你一个人守着长城，守着寺庙，是不是有点孤寂？"他回头看了一眼红柳，说："有柳将军陪伴，不孤单，胆子也壮。"这时夕阳已经给红柳树镀上一层厚重的古铜色，一树紫花更加鲜艳。我说："回头，在北京找个专家来给你测一下这树的年龄。"他说："不用了，我已经知道。"我大奇："你怎么知道的？""去年秋八月的一个晚上，后半夜，月光分外地明。我在房里对账，忽听外面狗叫。推开院门，在红柳树旁站着一位红盔绿甲的将军。他对我说，你不是总想知道这树的年龄吗？我告诉你，此树植于周南王14年，到今天已2326年。说完就消失了。"我看看他，看看那树，这一次我真是惊呆了。

回京后，我第一件事就是去查中国历史年表，史上并没有"周南王"这个年号。但是，我不忍心告诉老刘。

（撰文：梁衡；摄影：刘东厚、姬文华）

# 先师手植桧

【古树名称】孔庙圆柏

【基本情况】树种：圆柏 *Sabina chinensis*（柏科圆柏属）；树龄280年；树高19米；胸径0.7米；冠幅11米×10米。

【生存现状】长势较好，树干稍向南倾斜。

【保健措施】采取编号挂牌，支撑、安装护网、修补、植皮等加固措施。改善排水系统，确保雨季排水顺畅，不积水，这不仅有助于古柏根系的正常生长和古柏树势的恢复，而且还可以提高古柏的抗倒抗折力。加强虫害防治管理，发现虫情及时除治。

孔庙圆柏，位于山东省曲阜市孔庙第七道大门大成门内石陛东侧

孔子故里，山东曲阜有著名的"三孔"：孔府、孔庙、孔林。"三孔"内古树名木众多，现生长在孔庙大成门石陛东侧的"先师手植桧"，相传由儒家学派创始人孔子亲手栽植。"柏叶松身为桧，昔孔子手植桧，桧之名以此著"。

先师手植桧学名圆柏（*Sabina chinensis*（L.）Ant），柏科圆柏属，常绿乔木，生长在孔庙大成门石陛东，又名"再生桧"，现在用石栏围护，根基部高出地面55cm。树冠稍偏，东、北两向短，西、南两向长，影呈近椭圆形，冠似伞形。树皮灰褐色，主干无明显分枝，叉枝与主干区别较大，树皮裂纹直而不扭，尖削度小，长势较好。如今树干稍南倾斜，用一根钢线牵拉。

桧字作为树种时读[guì]，但是对于孔庙中这株树，桧字的读音为[kuài]。"先师手植桧"有三株：一株在杏坛东南隅，两株在宋真宗御赞殿前。古桧苍劲古朴，给人以美的享受，同时，还承载着优美的传说和奇妙的故事，是历代文人咏诗作画的题材。御赞殿前"左右两株，各左右扭"。《祖庭广记》里说："高六丈余，围一丈四尺，其纹左者左扭，右者右扭"。宋代孔舜亮为之而诗："圣人嘉异种，移对诵弦堂。双本无今古，千年任雪霜。右旋符地顺，左扭象乾纲。影覆诗书府，根番礼义乡。"又有对联："杏坛前先师手植桧，孔府中至圣口训徒。"而《西行漫记》里则记载，毛泽东在回忆青年往事时，经常提起在1920年春途经曲阜逗留期间参观过的"先师手植桧"。

这棵树的文字记载最早出现在唐人封演所著《封民闻见记》："曲阜县文宣王庙内并殿西南各有柏叶松身之树，各高五丈，枯槁已久，相传夫子手植，永嘉三年其树枯死。"据后人记载，手植桧枯于晋、隋、唐、宋期间，几经枯荣，后因为金贞祐二年的兵火"三桧无复孑遗"。到此，相传原孔子手植桧树已经绝迹。而到元至元三十一年（公元1294年），三氏学教授张頵将东庑废墟上的新生圆柏幼苗移至大成门内陛东侧，但在明、清期间两遭雷火，烧毁树身，仅存下约半米高的树桩。现在石栏内仍保留有第四代的树根。现在挺立高耸的桧树是清雍正十年（公元1732年）在树桩旁又萌生的再生桧，历经280余载，长成了苍劲挺拔的"先师手植桧"。因此，如果算孔子亲植，那么正好是第五代了。大成门下立有乾隆皇帝御笔"手植桧赞"，全文曰："文栏肥壤厥有桧株，先圣攸植擎手泽余，几经枯荣左纽右圩，造物凭护孙枝扶束。"

先师手植桧相传是孔子亲手栽植，历来受到孔氏族人的高度重视。它体现了一种追求与万物和谐的中和境界，正是儒家思想所强调的"中庸"之道，用现代的话来说就是"天人合一"。在曲阜孔氏后裔心中，先师手植桧不仅代表着孔子，更与孔氏子孙命运息息相关，认为"此桧日茂则孔氏日兴"。宋代大书法家米元章（米芾）将手植桧与封建统治者的命运联系在一起，写诗赞道："炜东皇，养百日。御元气，昭道一。动化机，此桧植。矫龙怪，挺雄质，二千年，敌金石，纠治乱，如一昔。百代下，荫圭壁"。明万历二十八年，树东立一石碑，上书："先师手植桧"，字体酣畅，浑厚有力，是明代杨光训手书。"先师手植桧"中的植字多了一竖，又是何意，也有多个版本的解释。

现在的手植桧高大劲拔，围需二人合抱，树冠似伞，树身似铜。也许是历史的巧合，清代复生的手植桧的形状，竟和明万历年间的圣迹图石刻上原手植桧的形状几乎一致，树头皆向南倾斜。有人认为这与地理位置有一定的关系，不知能否解释得通。仔细想来，似乎有些道理。

手植桧作为自然或人文景观的组成部分，已成为当地重要的旅游资源，每年都有游客与之拍照留念。1990年2月23日，曲阜市第十一届人大常委会确定桧柏为曲阜市市树。后又充实古树名木保护队伍，列支专项保护经费，购置专业监测工具和病虫害防治设备，加强古树名木保护管理，以求"古柏常青人长寿"。

如今，几经风雨、历尽沧桑的"先师手植桧"依旧挺拔苗壮、根深叶茂，像饱读诗书的儒雅君子孑然独立，沐浴着时代光辉，承载着孔子思想，从容而优雅地接受着海内外游客的敬仰和膜拜。以"美丽中国——人文古树保健行动"为契机，愿我们的"先师手植桧"生生不息，永世繁茂。正如清康熙年间孔毓埏的《汉柏诗》所诵："鲁王宫已没，翠柏尚含情"。

（撰文、摄影：薛玉燕）

# 玄奘手植娑罗树

【古树名称】宜君娑罗树

【基本情况】树种：娑罗树 *Aesculus chinensis*（七叶树科七叶树属）；树龄约1300年；树高20米；胸径3.8米；平均冠幅 24.5米。

【生存现状】局部主枝有虫害蛀孔，无明显枯叶、焦黄叶，冠型饱满，无缺损，未发现严重病虫害。总体生长状况良好，长势旺盛。

【保健措施】清除枯枝，清理杂草，改善生长环境；修建围栏，浇水施肥，恢复补充营养；开展系统检查，发现病虫及时施药防治。

相传公元645年，著名高僧玄奘从西天取经回到中土大唐，随身携带了3颗娑罗籽。他视娑罗籽为宝物，精心保管，想找一块圣地播种。公元648年，唐太宗李世民到玉华宫避暑，御马"拳毛䯄[音guā，黑嘴的黄马]"得了结症，久治不愈。太宗爱马成癖，急得坐卧不安。玄奘闻知后献出一颗娑罗籽，研成粉末给马灌下，一剂即愈。太宗大喜，问明来历，认为娑罗籽为神籽，就御赐肃成殿外宝地一方，让玄奘亲手种植下两颗娑罗树。

后来，玉华宫改为玉华寺，玄奘法师来玉华寺译经，就住在肃成院。他精心呵护4年，这两棵娑罗树都长成了参天大树。再后来，他把其中的一棵移到了今天的艾蒿圤村。据当地人回忆，留在肃成院旁边的那一棵娑罗树，根基有一间房子大，胸围四人勉强合抱。非常可惜的是，这株娑罗树于1996年干枯死亡。至此，玄奘手植娑罗树，仅存艾蒿圤这一棵了。

关于玄奘手植娑罗树，在民间还流传着这样的故事。当

宜君娑罗树，位于陕西省宜君县太安镇艾蒿圤村艾蒿圤组

年玄奘在玉华寺前植下的是两棵娑罗树，一年后的一天，玄奘突然发现译经弟子白天昏昏欲睡，夜晚魂不守舍。通过暗中观察方才发现，这些弟子受两株娑罗树影响，凡心萌动。原来玄奘手植在肃成院的二棵娑罗树相距数尺，白天自然分开，夜深人静时，互相缠绕，很是亲热。为使弟子静心完成译经大业，玄奘命人将其中一株移至了玉华寺以西二十里的艾蒿圿村石崖之下。

（撰文：李有忠；摄影：颜祝庆、同延玲）

# 君王村里的古银杏

【古树名称】怀远银杏

【基本情况】树种：银杏 *Ginkgo biloba*（银杏科银杏属）；5株群生，分别位于3处，最大一株树龄约2200年；树高17米；
胸径1.8米；冠幅20米×16米。

【生存现状】树皮缺损严重，干茎腐朽，长势较差，树周围萌条较多。

【保健措施】补贴树皮，打支撑。搞好病虫害监测，加强土壤管理。

在安徽省怀远县城北35公里的陈集乡君王村，有一片古银杏丛，树荫覆盖1.5亩左右，其中一棵粗大的银杏王，树龄2200年，树高17米，树干周长5.5米，约3、4个成年人合抱方能抱过来，冠幅占地半亩。令人称奇的是"树王"上有自然生成的"平台""桌凳"，树干"垂乳"。更有趣的是树王和其他4棵银杏树相依千年，像一位慈祥的母亲带着四个儿女，虽历经沧桑，依旧傲然屹立于原野。

君王村历史悠久。相传汉王莽篡位，刘秀起兵讨伐，兵败而逃。一日来到此地，情急中，求救于一王姓人氏，王氏族人救了他。后来刘秀继位，就把这个村命名为君王村，君

怀远银杏，位于安徽省蚌埠市怀远县陈集乡君王村

王村名由此而来。

据当地老人介绍，千年银杏的历史比君王村的村名还要早。传说是战国时期山西太原齐国人王桀所种植。王桀曾官拜齐国吏部侍郎。秦统一六国后，王桀不愿事秦，携家逃难到了这里，并将所带银杏种子，种在王氏宗祠院中，以奠王姓祖先。因这棵大树萌蘖，相连成片，后来分成好几株。树大成型后，为防"树灵"移走，王氏族长铸造了一条铁链将树锁上并筑有土坯围墙。

宋末元初，因为大刀王怀女竭力抗元，元兵记恨王氏，纵火烧毁王氏宗祠，数株老树受损严重，但却没有死。抗战期间，日伪汉奸单三，为母做棺，见这里的几株银杏树树大质优，带了整整一个团的兵力，要将大树伐掉做棺。被新四军27团赶跑，才得以保留下来。

1948年12月，王震将军屯兵君王村，遭遇国民党部队，被国民党战机轮番轰炸。因为银杏树高大茂密，浓荫蔽日，王震将军下令移师树下，我军躲避了轰炸。后王将军为此树题字留念："助我军胜利功勋。"

千年古树名木，久历风霜和战火，依旧巍然挺拔，引来八方游客纷纷前来，或者在树边烧香祈福，或者在树上刻字留念。二十世纪八十年代，树干上还清晰刻有来自山西、河南、辽宁、黑龙江等地游客的印记。加之民间传说千年银杏树皮能治百病，乡人有个小病小灾都来剥树皮入药，使树木，尤其是树皮受损严重，长势衰落，枯枝渐增。近年来，随着沿淮风情游和生态农业游的不断升温，尤其"君王古银杏林"作为"秦汉遗址"的活见证，前来寻根探古、研究秦汉文化和观赏古树名木的人络绎不绝。　　　（撰文、摄影：陈建兵）

# 燕山有棵沧桑树

【古树名称】兴隆古松

【基本情况】树种：华北落叶松 *Larix principis-rupprechtii*（松科落叶松属）；树龄500多年；树高30米；胸径0.8米；冠幅 12米×13米。

【生存现状】原主干已枯，新生主干正常。树体无枯死枝，生长良好，冠型饱满，无病虫为害。总体长势旺盛。

【保健措施】应建一木制隔离围栏，尽量减少人为活动对古树的影响；加强监测，发现病虫为害，及时采取针对性防治措施。

北京之北100多公里处就是河北的兴隆县，境内有燕山的主峰雾灵山。正是秋高季节，几个好友乘兴登山，一路黄花红叶，蓝天白云。松鼠横穿于路，野雀飞旋在树，鸟鸣泉响，好不快活。正走着，忽见路边有一指路牌：沧桑树与见证桩。不觉好奇，就下路拐入荒径，攀荆附葛，爬上一高

兴隆古松，位于河北省兴隆县雾灵山自然保护区燕山主峰雾灵山上

坡，顿现一树一桩。

树是一棵奇怪的大松树。根基部十分壮大，盘根错节与山石一体，已分不清彼此。原树已经枯死，而在侧根处又长出一棵新树，有合抱之粗，浑身的鳞片层层相叠，青枝挑着绿叶在秋阳下闪闪发光。树身成"7"字形，斜出石缝向山外探去，蜿蜒虬劲，如一条苍龙欲腾空而去。大家正说这树像龙，当地的朋友说，这树还真就与龙有关。

原来，历代皇帝都自比真龙天子。清朝入关后的第一位皇帝是顺治帝，他就位后即在遵化县选定了自己的龙寝之地，后人称东陵。为使陵寝安宁，东陵以北兴隆境内这2500平方公里的山林，就全部划作"后龙风水"禁地。原住民全部迁走，不许耕种、伐木、采药、打猎，不许闲人进入。又配备了专门的护陵部队，隔不远就设一哨卡，满语称"拨"，现当地还留有不少地名："一拨子""二拨子"。森林郁蔽后，又清出若干防火通道，现有"北火道"等地名。一次士兵巡逻，忽然阵阵山风送来黄酒的甜香。深山禁地何来酒馆？细寻处，是深秋季节梨果落地，自然发酵，一沟酒香。于是这里就名"黄酒馆"。封建专制，普天之下莫非王土，皇帝伸手一指，这2500平方公里的土地一占就是254年，直到民国后的1915年才解禁。山之禁，树之福。这棵龙形松，四季有人护，年年有酒喝，过了二百多年平静舒心的好日子。笑看冬去春来，静听花开花落。

1931年日本人侵占东北，1934年南下占领兴隆，直逼北京，当年的这一片皇家禁地又成了敌我双方争夺的战略要地。在日本一方是南下的跳板，又是一处重要的战略物资地；在我方山高林密，正是开展游击战争的好地方。一场残酷的侵略与反侵略战争在这里反复拉锯。这其间数不清出了

多少民族英雄。最著名的一个是孙永勤。孙本是一普通农民，小时曾读私塾，粗通文字，又习得一身好武，身高两米，双手过膝，行侠仗义，人称"黑面门神"。他耻为亡国奴，便串联村里的16位弟兄宣誓"为国为民，永无二心，抗暴杀敌，有死无降"，拉起一支"民众军"，自任军长。后接受中国共产党的领导，改称"抗日救国军"，一直发展到5000多人。孙带领部队一年半间，与敌接战200多次，拔掉据点100多个，成为日军的心腹大患。以至于日本人诱降国民党，与何应钦谈判签定《何梅协定》时都将灭孙作为一个筹码。而当时中共也注意到这支抗日力量，1934年8月正在长征途中的党中央发表著名的《八一抗日宣言》，将孙永勤与吉鸿昌、瞿秋白并列，说他"表现出我民族救亡图存的伟大精神"。孙在最后一次战斗中，寡不敌众又腿部负伤，被团团包围。他对参谋长关元有说："当年我们空手起家，誓杀尽敌寇，有死无降。今天弹尽粮绝，我来吸引敌人，你带部队冲出去，以图再起。"关说："杀敌第一，愿与军长同生死。"结果孙以下700壮士全部壮烈牺牲。这棵树目睹了一个英雄的诞生。

"沧桑树"下还有一截二尺多高如水桶之粗的树桩，旁立木牌，上书"见证桩"三字，这是当年日寇掠夺当地资源

的见证。我俯下身去想辨认一下树桩的年轮，只是经年的风吹雨打，横截面上的本质已经朽去，用手一捏，即成碎末。但整个桩子的大形还在，短粗挺直，身带焦痕，挺立于荒草乱石之中，似有所言。当年日本人为了铲除抗日武装的群众基础，便东起山海关，西到沽源县，制造了一个千里无人区，兴隆正当其中心。日军反复扫荡、搜剿，屠杀百姓，活埋、刀挑、挖心、狗咬，惨不忍睹，全县载入史册的大惨案就有九起之多，毁掉了两千个村庄，11万人被赶入所谓的"部落"过集中营生活，战后全县人口从16万降至10万。同时又大肆劫掠资源，共掠走黄金9600公斤，白银数万两，原煤数百万吨。压迫愈深，反抗愈烈，我抗日军民为保护资源，经常夜袭据点，烧敌仓库，破坏交通。游击队穿行于深山老林，神出鬼没。敌气极败坏，便放火烧山，方圆200公里火光接天，烟罩四野，五个月不灭。这块皇封禁地化为一片焦土。现在我们看到的这棵"沧桑树"就是劫后重生的火中凤凰，而那截"见证桩"则先是被砍后留下的树桩，后又过火，是日寇"三光"政策的见证。我抗日军民就在这样恶劣的环境下与敌周旋，直到最后胜利。全国抗战8年，这里是抗战12年，现在山下的烈士陵园里还长眠着1200余位烈士。

看完"沧桑树"我们又重回登山主道，继续上山。秋阳如春，照在身上暖洋洋的，刚才脑子里的硝烟渐渐散去。正是果熟季节，路两边赤、橙、黄、绿，摆满销售和等待外运的核桃、柿子、苹果、山楂，排起两道长长的水果墙，农民的笑意都挂在脸上。近年来为致富老区，这里浅山处大力发展经济林，林果成了农民的主要收入。深山处开辟成国家森林公园，封山育林，涵养水源。来到这里才知道，北京人吃的栗子、冰糖葫芦多取自本地；原来兴隆是全国第一板栗大县、山楂大县；北京人喝的水，也来自这里，全县的高山密林间有大小径流800条，昔日的"后龙风水地"已经成了京城的重要水源地。

随着山路上的上行，两边的树木愈来愈密，栎树、楸树、枫树、桦木、杉木等遮住了头上的太阳和山外的蓝天，我们在林木的遂道里穿行。约一小时后终于穿出树海爬上燕山最高处的雾灵山峰。燕山是一座历史名山，也是中国政治史的一个大舞台。其成名很早，《诗经》中即提到燕山、燕水。李白之"燕山雪花大如席"，韩愈说的"燕赵多慷慨悲歌之士"都是指这里。元灭宋后在这一带建都。朱元璋灭元后将他的第四子朱棣分封到这里，名为燕王，住藩北京。燕王深谋远略，在此整军备武，朱元璋一死便南下夺了帝位，将大明迁都北京，就是史上有名的永乐大帝。是他奠定了北京作为历史名都的规模气象。之后这里又上演了李自成进京、清军入关、日寇南侵、长城抗战、新中国成立等几场大戏。我登上燕山之巅，遥望群峰从山海关一路奔来，长城起伏其间，脚下是一片树的汪洋，胸中荡起一幅历史的长卷。这时只见远处绿波中现出一团飘动的火苗，那是刚才上山时路过的一片花楸树林，这是一种我从未见过的树种，大概只有这燕山深处才有吧。都说枫叶红于二月花，这花楸叶子是枫叶的三四倍大，叶面厚实，树身高大，只在悬崖深壑，人迹不到的地方生长。秋风一过它就红得像浸了血，着了火。我又想起了刚才那棵穿越战火而来的"沧桑树"和劫后余存的"见证桩"。这块土地在民国时和解放初称热河省。热河，热河，好一片热土。先经过了254年的皇封冷藏，又经民国三十多年间的军阀混战、外族入侵和国共内战，终于回归于民，现已休养生息出这般模样。

山不转水转，人会老树还在。一截树桩见证了一个民族曾经的苦难，一棵树记录了这片土地上三个半世纪的沧桑。无论是朝代更替，人事变幻；还是自然界的寒来暑往，山崩地裂都静静地收录在树的年轮里。

（撰文：梁衡；摄影：王伟佳）

# 唐玄宗手植太上槐

【古树名称】兴平国槐

**【基本情况】**树种：槐树 *Sophora japonica*（豆科槐属）；树龄约1260年；树高10米；胸径2米；平均冠幅15.5米。

**【生存现状】**树干基部中空，但整体生长情况良好。有时受槐尺蠖、槐蚜等食叶害虫危害。

**【保健措施】**浇水施肥，补充营养；持续开展监测，系统防治槐尺蠖、槐蚜和白粉病等病虫害。

"太上槐"植于黄山宫院落中央，相传为唐玄宗李隆基所植，唐肃宗赐名为"太上槐"。这棵槐树历经千年，树干中心已空，仅靠干部树皮支撑着树冠。但在虬根盘绕的老槐树近根部，竟然长出了一棵亭亭玉立的楸树，两棵树树根相抱，树干相依，形成神奇的"槐抱楸"现象。

唐天宝十五年（公元755年），安史之乱爆发。次年7月15日，唐玄宗兵败西逃。御林军在马嵬坡发动兵变，处死宰相杨国忠，迫使唐明皇赐死杨贵妃。安史之乱平息后，唐玄宗从四川返回长安，途经马嵬坡时，已经成为太上皇的唐玄宗来到黄山宫吊唁爱妃。当时马嵬坡是个充满荆棘的山坡，随从便用一槐枝给唐玄宗当拐杖，唐玄宗找来找去，找不到杨贵妃所葬之地（史书记载："马嵬坡下泥土中，不见玉颜空死处"），便决定把当拐杖的槐枝插在马嵬坡，让它长成大树并常年伴着杨贵妃。 （撰文：李有忠；摄影：田小利）

兴平国槐，位于陕西省兴平市马嵬办事处街道正北约1200米处

# 佛学兴盛的"见证者"

【古树名称】溪口"夫妻银杏"

【基本情况】树种：银杏 *Ginkgo biloba*（银杏科银杏属）；一雌一雄，两树树冠圆匀，树龄1000余年。雄株树高30米，胸径5米，平均冠幅20米；雌株树高22米，胸径3.28米，平均冠幅10米。

【生存现状】两树总体上生长状况良好，树冠饱满，长势旺盛，无严重的病虫害发生。雄树基干木质部稍腐烂形成树洞，1997年用水泥浇铸固定等处理后，愈后生长情况良好。雌树生长正常，每年结果上吨。

【保健措施】建立铁制护栏，禁止游客进入护栏，减少人为影响；冠下加土后采用草皮绿化，适时浇水、施肥，利用乙稀利控制结果，禁采果实；专人负责，定期监测病虫害及生长态势，重点加强枝干腐蚀部分的监测，做好记录，如发现异样，及时处理；设立树牌，开展古树人文宣传，增强人们对古树保护、生态文明的认知和兴趣。

执子之手相守百年，人间罕有；一棵树能存世千载，已不多见。雪窦寺的一对"夫妻银杏"却并肩而立，守望千年，那真是千古奇景。

旧时，奉化一带民众，对于宋代就列入禅寺"五山十刹"之一的雪窦禅寺，有一种自豪的传颂："雪窦寺有三宝，唐梅、晋柏、汉白果。"说的是溪口雪窦寺内，有一株

溪口"夫妻银杏"，位于浙江省奉化市溪口雪窦寺内

唐朝的梅花树，一棵晋朝的柏树，一对汉朝的白果（银杏）树。时至当下，"三宝"之中只剩下弥勒殿前的两棵"夫妻银杏"，一雌一雄，相依相偎。入春，古银杏翠浪起伏，望之令人心胸朗朗；深秋，满树黄叶，见之绚烂无比，堪称雪窦寺秋天的一个标识！1956年，一代大文豪郭沫若游览雪窦寺，僧人在树前说"那是汉白果"，郭老慨叹"汉代大树，诚不虚也！"汉代，2000年左右的树龄？那是浙东民间、雪窦寺僧误将五代的"后汉"说成秦汉的汉代，大文豪只不过一时兴起而附会。其实它们是两棵五代古树，为禅宗高僧知觉延寿手植。

雪窦寺前身为建于山顶的"瀑布观音院"，唐朝会昌元年，即公元841年，才移建到雪窦山山心的今址，并开始勃兴。五代时期的公元952年，江南高僧知觉延寿禅师（永明大师），应请至雪窦寺传法，一时四方僧众纷纭而至，使雪窦寺一跃成为全国性禅宗参学中心。到了960年，知觉延寿被毕生崇信佛教的吴越王钱俶请去杭州，临别时，他按照外面大寺院的做法，在大殿前栽种两棵对称的"中国的菩提树"。

也是在五代时期，略早于知觉延寿禅师，奉化奇僧布袋和尚曾多次到雪窦寺讲经弘法。他圆寂后被信奉为弥勒转世。1987年，中国佛教协会会长赵朴初先生视察雪窦寺曾寄语："雪窦乃弥勒应化之地，殿内建筑应有别于他寺，独建弥勒殿"他还称雪窦为五大名山。东侧的那棵雄银杏树下，竖有碑石，上书："五大名山，大慈弥勒菩萨应迹圣地。"

知觉延寿栽种"夫妻银杏"数十年后的公元999年，宋真宗对知觉延寿、明觉重显等禅宗大师轮流执掌后的雪窦山"瀑布观音院"，欣赏不已。他赐改瀑布观音院为"雪窦资圣禅寺"，并御书"资圣禅寺"匾额。从此，真正意义上的雪

窦禅寺起飞了，并急速步入鼎盛时期。宋真宗所赐之名，千年不变，一直沿袭至今。而这对"夫妻银杏"，饱阅千年以降雪窦寺屡遭劫难、五毁五建之沧桑，仿佛是雪窦山上两位修行已久、淡定自在的禅宗大师，可谓一部活着的中国禅宗史、无字的雪窦佛山编年史。

跨入民国时期，得天时地利人和的雪窦寺，全面复兴，走向辉煌。蒋介石从小受其崇佛的祖父和母亲影响，与故乡雪窦寺结下了一份特殊的佛缘。1927年8月，蒋介石第一次下野游寺时，为雪窦寺题额"四明第一山"。他每次还乡，必上雪窦寺听经论道、敬香憩休，并多次与古银杏留影存念。蒋钟情故乡佛院的这两棵古银杏，以后武岭学校葛竹分校、蒋母墓庐"慈庵"等建筑落成之时，他特嘱咐下面的人在周边多多栽种银杏，有时还喜欢亲自动手。慈庵天井现存一排高大挺拔的银杏，算来也有80余年树龄，溪口的文博部门至今还收藏着蒋介石与宋美龄在此合栽银杏的历史

照片。

当代，奉化地方政府和雪窦寺僧，加强了对这两棵古树的保护与抢救。1997年夏，千年夫妻银杏的雄性树，因早年火灾及根系受损，树叶大量脱落，濒临死亡。奉化市森林病虫防治检疫站的专家及时赶赴现场察看、提出了抢救方案并实施现场救治，次年，这棵古树重现枝繁叶茂恢复常态。

2011年夏，这棵雄树由于"年迈"高龄，营养跟不上，抗虫能力和免疫力降低，雪窦寺僧又请森林病虫专家为古银杏树插上点滴瓶灌输"营养液"，增强古树"体质"，使其延年益寿。是年9月2日，新华社以《千年银杏树"输液"强身》为题播发了一组图片新闻，全国多家主流媒体引用了新华社的这条消息。如今，禅宗大师延寿手植的子孙树，被更广大的人们所认知，"欲让延寿手植之树延年益寿"一时传为佳话。（撰文、摄影：裘国松、汪碧丽）

# 晋祠周柏

【古树名称】晋祠周柏

**【基本情况】** 树种：侧柏 *Platycladus orientalis*（柏科侧柏属）；树龄3000多年；树高23米；胸径3.3米；平均冠幅16米。

**【生存现状】** 树干倾斜，与地面成45°夹角，由北向南侧卧而生，形若卧龙，老干新枝，挺拔苍翠，仅个别枝条干枯。

**【保健措施】** 由于树体倾斜，两条主干各有两个立柱支撑；周围建有木质隔离栏，使之得以有效保护；严密监测有害生物并及时除治。

出太原西南行约四十余里，有一处好山好水。好山名悬瓮，因山上原有一巨石，状如瓮倒悬，故名。山脚下有一泓清泉，似从悬瓮中流出，从远古流到如今，滔滔不绝，这便是有名的晋水。

晋祠有"三绝"：圣母殿、木雕盘龙、鱼沼飞梁，然而这古老"三绝"并非晋祠之根，只能算是长在一棵大树上的几根枝丫。沿着"三绝"依次而行，自然会走近那棵大树——周柏，周柏便是晋祠之根。

周柏位于晋祠一个偏僻、安静的角落，相传为周初所植。数十米长的周柏向南倾斜生长，像一条横卧的巨龙，故

晋祠周柏，位于太原市晋祠圣母殿右侧

周柏有"卧龙柏"之美誉，树干粗壮，得几人才能合抱。树皮厚实、皲裂，犹如一身鳞甲。树干的一面已经腐烂，被今人填上了水泥。周柏主干距地面1.5米高处有一圆形凹处，人称龙眼，据说摸一摸就会给人带来好运。摸的人多了，龙眼处已相当光滑。

周柏，没有寒风中挺立的雄姿，也没有繁枝茂叶的俊秀，但她彰显了不屈的精神和不老的心。明傅山曾立石上书："晋源之柏第一章"。无疑，周柏是晋祠的根。周柏不仅是晋祠三千年历史的见证，也是晋祠三千年连绵不绝的庇护神。宋欧阳修曾感叹道："地灵草木得余润，郁郁古柏含苍烟。"

清代名士杨二酉曾为古柏作诗："桐祠荫八百，下阅二千纪；两柏尚丸丸，三千龄弗止；同心德不孤，连理长不死；庸知遗世材，得算类若此。""两柏"所指不甚清晰。环顾四周，没有其它的柏树，只是不远处有一棵唐槐，但唐槐是周柏的晚辈，晚了不知多少个朝代。据此推测，以前在周柏近旁一定有另一棵柏树，两棵柏树同心同德，相依相

偎。不知何时，也不知何故，旁边的柏树消失了。这使人不由得想起黄陵柏。黄帝陵从山巅到山脚，柏树成林，蔚为壮观。黄帝陵到底有多少棵柏树？据黄陵志记载，1939年，中部县（即黄陵县）县长卢仁山调集了一个民团的士兵，经过十九天的普查，才弄清共有61280棵古柏。这么多的古柏，没有寂寞，没有孤独，众志成城，风雨不能摧，霜雪不能毁。黄陵柏，威严而显赫。可周柏就凄惨多了，孤零零地偃卧一旁，独享冷清寂寞与世态炎凉。当然，周柏不会也不敢与黄陵柏攀比，它知道，自己只是生长在黄陵柏根须上的一段枝桠。沐浴了三千多年风雨的周柏，是一位智者，更是一位禅者。它知道，凭自己的单薄之身，难以抗御自然界风雨雷电的敲击，更难承受漫长岁月的无形销蚀，因此，它便让自己倾下身来。这不是屈服，而是一种顽强的生存方式。在寂寞与冷清中，一呆就是几千年，历尽了岁月沧桑，阅尽了世态炎凉，悟透了一切，淡泊名利，宠辱不惊，大智若愚，修炼成佛。

（撰文、摄影：范俊秀）

# 第五篇　百姓故事

五福人生有常道，品德正直是首要，

诚善恩爱勤且孝，天神地仙佑逍遥。

　　该篇讲述寻常百姓的故事。故事反映百姓意愿，警示人们：追求生活幸福，必须恪守诚信、友爱、勤劳、善良等道德规范。这与当今提倡的社会主义核心价值观高度吻合，教育和激励当代人更好地践行社会主义核心价值观，做恪守家庭美德、职业道德、社会公德的好公民。

# 荫泽百姓的柳杉王

【古树名称】政和柳杉

【基本情况】树种：柳杉 *Cryptomeria fortunei*（杉科柳杉属）；树龄1200余年；树高38.8米；胸径3.23米；平均冠幅24米。

【生存现状】树叶绿色，冠形饱满；古树临近道路一侧树干可见枯枝，主干部分有枯腐症状，未见有病虫为害。总体上古树长势较为旺盛，生存状况良好。

【保健措施】挂滴营养液增强树势；加强宣传，挂牌保护，提高人们的古树保护意识，减少人为活动对古树生长的影响。

政和柳杉，位于福建省政和县澄源乡黄岭村头

据《政和县志》及姓氏谱牒资料记载，唐宣宗大中年间，原任银青光禄大夫许延二，因遭奸人谗言陷害而弃官，在今政和县澄源乡的上洋村定居下来。经过几代繁衍，人口渐多。上洋之地狭小，已难再图发展，于是，许氏子孙纷纷寻找新居安家立业。

有位名叫许仕真的后生，日夜思虑，却苦苦不知该到哪里安家。一天夜里，他梦见一位银须绿袍老者对他说："明天晚上鸡啼头遍时，你即往东北方向走去，到天亮前你会在一个小村落边遇到一位威武的绿袍将军，他伸臂指处，就是你可安家立业的地方。"许仕真好生奇怪，正想拉住老人问个究竟，可一伸手老人不见了。他醒来后觉得此事蹊跷，心想莫不是神仙指点于我？

于是，第二天晚上，他按老者的话，鸡叫头遍就起身朝东北方向一路走去，到天快亮时他终于到了一个只有几户人家的黄岭村口。他四处张望，没见一个人影，更没有什么绿袍将军。就在他疑虑之时，忽然有东西砸到自己身上，他籍着微弱的光亮，抬头一看，自己正站在一株高大的柳杉下，方才砸在自己身上的就是从树上掉下的小树枝，再看那满身披绿的柳杉树，岂不就是一位威武的绿袍将军吗？它伸出的长长树枝，正指向前面的村子。于是，他带领家人从上洋迁到了黄岭，成了许氏在该村的开基创业者。从此，许姓人家在黄岭不断发展壮大。

随着时间的推移，那株柳杉也越长越高大。人们开始相信它是神灵的化身，对它顶礼膜拜，按节祭祀。传说，这棵树王确有灵异，人们若在家里备办酒菜祭祀，祭案上的筷子往往会在夜里不翼而飞，而过后人们又往往会在树心的空洞中见到许多筷子，这种怪事许多老村民都言之凿凿，并认为这是树神的示意，表示享受了祭祀。就这样，神树

的名气越来越大，方圆数十里无人不晓。人们崇敬树神，祭拜时要到树下诵《安根经》，以祈神树根基牢固，永祐村庄。

在当地还有一种特殊习俗：小孩出生后，为了能平安长大，取名时往往加入一个“榅”字（柳杉俗称榅树），如陈榅某、许榅某等，意思是给树神当子女，从此便太平吉利。如果小孩得了头痛脑热或夜啼等小毛病，人们就会到神树下供香挂红布，诵《解结经》，据说也很灵验。

（撰文、摄影：庄晨辉）

# "凤凰姑娘"的传奇

【古树名称】九华山凤凰松

【基本情况】树种：黄山松 *Pinus taiwanensis*（松科松属）；树龄1400年；树高9.3米；胸径1.1米；平均冠幅15.5米。

【生存现状】整体生长显现衰退，有枯枝。

【保健措施】要改良土壤，设置围栏、设置标牌减少游人干扰；对树体进行修补、支撑；定期开展病虫害监测防治，设置避雷设施以防雷火；越冬时要设架保护，设置专人管护。

九华山凤凰松，位于九华山风景区九华镇闵园村村委会前。

安徽九华山闵园有一棵千年古松，形如凤凰展翅，被著名画家李可染先生称赞为"天下第一松"。

相传在南北朝时期，九华山下闵园有位叫小凤的姑娘，生得聪明灵秀。她喜欢画画，尤其喜欢画凤凰，引得天上的真凤凰常常落在她的身边不肯离去。久而久之，人们就叫她"凤凰姑娘"。

一天，凤凰姑娘正在通天河边作画，被上山来的县官撞见了。他见凤凰姑娘生得如此俊俏，又画得一手好画，决计要抢走她，送给皇帝做妃子，以求得升官发财。过了几天，县官派了一班人马，抬着一顶大轿，上山来抢凤凰姑娘。

凤凰姑娘被绑在轿里，抬到了登天的石台上。凤凰姑娘决心宁死也不落到这帮歹徒手里。于是，她咬断绑绳，纵身跳进道边的万丈深渊。正在这时，猛然有一只金色的大凤凰展翅飞上前去，正好将凤凰姑娘托住，驮着她向天台正顶飞去。那凤凰驮着凤凰姑娘在天台的青龙石上停了停（至今还有凤凰的脚印哩），让她最后望一眼自己的家乡，接着向天外飞去了。

凤凰姑娘的父母和乡亲们十分想念她，每天含着眼泪，看着通天河边她画画的地方。一天，突然有一只大凤凰，嘴衔着一棵松籽落在这地方。凤凰用爪子抓了抓土，将松籽埋下，便又飞去了。第二年，土里长出了一棵青翠的小松树。不久，这小松树旁边又多了一块又圆又大的石头。据说这石头是那大凤凰怕人将小松树拔走，特地搬来压住了它的根。小松树越长越大，越长越奇特。不知长了多少年，终于长得活像一只美丽的绿色凤凰。

人们都说这棵美丽的奇松是凤凰姑娘的化身，人称"凤凰松"。

（撰文：安徽省防检局供稿；摄影：吴成进）

# 千年未了"夫妻"情

【古树名称】云阳"夫妻树"

【基本情况】树种：黄连木 *Pistacia chinesis*（漆树科黄连木属）；一雄一雌共2株，平均树龄1000年。雄株树高30米，胸径5米，平均冠幅30米；雌株树高20米，胸径3米，平均冠幅15米。

【生存现状】树木长势良好，未发生病虫灾害。但随着游人增多，树木生长环境存在遭受人为破坏的风险。

【保健措施】专人负责，定期监测病虫害及生长态势，重点加强枝干腐蚀部分的监测，做好记录，如发现异样，及时处理；改善土壤通透性，疏松土壤，使土壤和环境得到改善，保障树木的良好生长；合理施肥灌水，定时养护，保持树木有良好的营养供给，延缓树木老化衰退时间。

在云阳县票草镇双丰村钟家坪，有两棵神奇灵异的千年黄连木。这两棵树相距不足一米，树干粗壮，两个成年人也无法合抱。树根露出地面有小水桶口大，延伸出去10余米远。两棵树的树冠枝叶相互渗透，如拥抱在一起。

据当地人介绍，这两棵树为一公一母。在春季树木发芽的时候，一棵树树叶是红色的，另一棵树树叶是绿色的。到夏季，这两棵树叶子的颜色就一样了。到秋季，就反过来，绿的变成了红色，红的变成了绿色。每到开花季节，只有其中一棵树开花，花朵一半青一半黄，被当地人称为"丈夫"。花谢后，另一棵树开始挂果，果实圆圆的，李子大小，被当地人称为"妻子"。两棵树的树枝相互穿插，就像一对亲密无间的恋人在谈情说爱，所以被命名为"夫妻树"。

在当地，有关"夫妻树"的典故、传说也很多。

很多年以前，钟家坪上住着一对姓钟的夫妇，本分老实，膝下无儿无女，靠耕田种地度日。家境虽然贫寒，可夫妇俩相敬如宾，日子还算过得有滋有味。一天，夫妇俩正在地里干着农活，忽然看到天上有一对比翼齐飞的奇鸟嘴里各自叼着一粒种子，朝他们飞来，在他们干活的上空，吐下种子。夫妇俩认为这是上天送来的珍宝，翌年春天把两粒种子同时种在地里。夫妇俩精心管护，浇施肥水，两粒种子生根发芽，变成了两棵树，也就是现在的黄连木"夫妻树"。钟氏夫妇习惯每天都要在"夫妻树"下休息，唠唠家常。有一天，夫妇俩同时感到心里闷得慌，来到"夫妻树"下，背靠背睡着了。梦中，两人隐隐约约看到树上有一个一身穿红衣红裤的女子，把从树上摘下来的两个小果果送到他们的嘴

云阳"夫妻树"（主干）

云阳黄连木，位于重庆市云阳县票草镇双丰村二组

里，吞下后，两人顿感浑身舒服。这时，那红衣女子已飘然远去，夫妇俩忙喊还要吃果果。只见红衣女子猛然回头，朝树上一指。醒来的钟氏夫妇爬上树，摘了很多小果果，他俩把摘来的小果果用来煮水喝，说来也怪，喝下这水后，夫妇俩一年半载很少生病。左邻右舍听后，也跟着到"夫妻树"上去摘果果熬水喝。从此，钟家坪上很少有人生病。传说终归是传说，据医书介绍，"黄连木"的树果和树皮均可入药，其性味微苦，具有清热解毒，祛暑止咳的功效，还可以治疗痢疾、暑热口渴、舌烂口糜、咽喉肿痛、痤疮等疾病，药用价值很高。由此可见，钟氏夫妇喝果果水治病的传说，就显得不那么神秘了。

当地人还说"夫妻树"是神，不可欺负。相传钟家坪上有一个姓钟的老单身汉，羡慕树木有感情，妒忌这两棵一公一母的"夫妻树"，成天琢磨着要让"夫妻树"成不了"夫妻"。一天晚上，老单身汉偷偷来到"夫妻树"下，抽出斧子，对着母树砍了几下，直到砍开的口子流出像血一样的东西后，扬长而去。第二天走山路，老单身汉好像被人掀了一掌，滚到山崖下。说来也怪，他身上其它部位都没受伤，就是拿斧子砍"夫妻树"的那只手没了知觉，四处求医总不见好转，最终手废了。单身汉悔恨交加，逢人便说"夫妻树"砍不得，那是受神保护的树。从此再没有人敢动"夫妻树"的念头。但有一次，"夫妻树"却险遭暗算，那是在"大炼钢铁"的年代，钟家坪周围的树被砍得精光，有人盯上了"夫妻树"，要砍伐去炼钢铁。乡亲们自发组织起来，轮流看守"夫妻树"，"夫妻树"最终才幸免于难。

近年来，双丰村钟家坪逐渐形成了一个新民俗，不管哪家喜添新丁或是儿女定亲，红白喜事，都要在"夫妻树"前的台子上搭一条红布，上柱香，许愿或还愿。两株树的树枝上缠满了祈福的红丝带，而树枝相互缠绕，相互依存，十分恩爱。不管是刚结婚的年轻人或结婚60年以上的钻石婚夫妇都愿意到"夫妻树"下拍照留影，沾沾"夫妻树"的喜气，留下一个美好的纪念。

谁言草木无情，两株"夫妻树"，历经千年的修炼才换来今生的相逢，结下千年未了情！"夫妻树"是甜蜜恩爱的象征，是幸福和谐的代言，是大自然的恩惠，也是一张名副其实的生态名片。

（撰文：于光辉；摄影：廖严）

云阳"夫妻树"（树冠）

云阳"夫妻树"（雌株幼果）

# 银杏树下的挽歌

**【基本情况】**树种：银杏 *Ginkgo biloba*（银杏科银杏属）；树龄约500年；树高16米；胸径1.9米；冠幅13米×15.5米。

**【生存现状】**树叶绿色，冠型饱满，目测无明显枯叶、焦黄叶；树枝正常，无枯枝、死枝；主干中空，干中心孔洞从基部延伸至顶部；未发现有严重的病虫害。总体上生长状况良好，长势旺盛。

**【保健措施】**定期开展监测，观察是否有病虫危害，发现病虫情及时上报；喷施营养液，采取浇水、施肥、控制授粉结果、疏果、叶面喷水等，保证树木生长养分和地面透水透气；处理枝干腐烂、树洞等；设立古树保护标牌，增强人们的古树保护意识，减少人为活动对古树的影响或伤害。

锦屏银杏，位于贵州省锦屏县河口镇文斗村

文斗村是一个苗族村寨，座落在县境西南部。距县城有旱路水路30多公里。我们从县城的三板溪水库码头搭乘班船来到山寨脚下再拾级而上。爬有2公里之多的青石板村干道，道路两侧古树参天、浓荫送爽。山腰回环之处的一片宽敞的空间，是上山下寨的村民们喘息歇脚的地方，那里有一块深埋于老树根之下的青石碑，向后人昭示着这条在清乾隆年间铺建的道路，是如何由乡里仁者倡导、村民公议、捐银集资的过程以及捐资人出资的铭表。

文斗村村内村外古树林立、青竹荟翠。有"古、大、稀"树种600余株，树干挺拔参天、树冠紫黛馥郁。其中国家一级保护树种红豆杉就有60多株，最大一株树龄高达800年以上。20年前，一商家出资200万元想占为己有，遭村民一致反对，今天依然挺拔屹立在村口的风水林中。走近它们，感受着一个古老生命的气场，就像走进历史的纵深，感知生命长河绵延不绝的雄浑！

村里有两株千年银杏树，一雌一雄，雌树高18.6米，胸径2.8米。雄树高30米，胸径4米多。两树均长在文斗下寨，相距100米左右的海拔650米水平线上。不幸的是200年前村里遭一次火灾。火势绵延殃及银杏。树中心几乎被火焰吞噬掏空，支撑着如此高大粗壮的银杏树不是一棵实心的树干而是树干外层的皮质。站在树洞里仰面向上，视野可直抵遮天蔽日的树冠及洞外苍穹。树根部以上一人多高的地方，其内径达3米之多。地面可摆放一张小四方桌，供8人围坐，畅谈古今，纵情唱饮，对歌说爱等。这样一棵千年古树在经历如此巨大的创伤之后，竟然树干依然挺拔巍峨，树身依然生机勃发，树冠依然浓郁沉绿，年年金秋依然硕果累累达300公

斤之多，如此顽强不息的生命力，不能不说是大自然的一个奇观壮景！

我们踏着因树叶沉积格外松软的土地，在树洞里外仰面朝天，久久观赏着这棵肃然挺立在天地之间的参天大树，思绪像浮云一般飘缈游走在遥远的过去。陪同我们考察的姜高松老人却在那里开始给我们讲述一个美丽的传说。

"人们奇怪这棵古老的银杏何以有这样顽强的生命？仅仅是因为它的东侧还有一株雄壮的银杏吗？是也，非也！"

我们飘走的思绪和注意力被姜高松老人的幽默而又神秘的话语声捞了回来。他指着树根下一块隆起的土包说，"除了这里有一颗雄性银杏树相伴，使这棵银杏年年授粉开花结果以外，还因为在这个小土包的下面，深埋着寨子里的一位老人，老人年轻时是村里最美丽的女子，而且心灵手巧，从小从母亲那里学得了穿针引线，绣得一手好花……"

我知道，苗家姑娘大多从四五岁开始就跟着母亲、姐姐、嫂嫂、姑姑们学绣。到了七八岁的时候，她们的绣品就可以镶在自己或别人的衣裙上了。到出嫁之前，个个已经为自己准备了一套艳如孔雀开屏般美丽的服饰。衣领、衣襟、衣袖、帕边、裙脚、护边，还有肚兜、荷包等等，无处不盛开着苗家姑娘的心灵之花。配上银制的饰品，光彩夺目、宛如天上的仙女下凡。

苗绣的特点在于不打底稿，不描草图，全凭个人天生的悟性和非凡的记忆力，依据底布上的经纬线，凭着丰富的想象力和观察力谋篇布局，将一个个单独的局部的图形进行巧妙组合，构成一幅幅丰满的绣品……传承着从前人那里习得的技艺。

吉祥的龙凤麒麟、生动的虫鸟花卉、四季的瓜果菜蔬、创造性的几何图案，经姑娘媳妇们的十指和绣针，将七彩染色丝线上下穿梭，便一个个锦绣山河入画、一幅幅春晓莺啼跃然而出。

传说中的这位老人，从姑娘绣到了为人妇，从为人妇绣到了为人母，绣遍了一生所见到的烂漫山花，绣遍了天上漂浮的云彩，绣遍了山里的飞禽走兽，绣遍了水中的鲤鱼青蛙，绣针和彩线伴随着她走过了67个春秋，将乌黑的两鬓绣成银白，将明亮的双眸绣得深邃，将纤纤素手绣到苍筋……绣了美丽的青春年华、绣了她整整一辈子人生。

她终于累了，她说我要休息了，我要睡一个长长的觉，等我醒来之后再继续绣！

她接着说，我绣了一辈子的花，兰花、桃花、梨花、山茶花、紫荆花、百合花、牵牛花……就是没有绣得银杏花。我想，你们就把我挪到村口的老银杏树下吧……让我年年春天看着银杏花开……老人闭上了眼睛，嘴角一丝笑纹的满足，仿佛告诉身边的人们，那纷飞的银杏花像雪花般飘落在她的面颊，额头，衣衫上……

我呆呆地站在银杏树下，良久无语。

我们随姜高松老人一起俯下身子，扒开两百年来因老树根的生长不断隆起的、每个金秋纷纷而下的落叶经久岁月腐化而成的泥土，一块被不断垫高的土埋没了的石碑逐渐露出了它的上部。我们跪在地上，凑近了去看，隐隐约约可见"乾隆十四年"的字样。没有人去动过树下的这块碑。年久失忆的人们已经说不清楚这里长眠着的老人名甚是谁？我默默地注视着露出土面的碑角心想，也许这一切都已经不再重要了，重要的是文斗村人的心中永远活着一个拥有青春与花容美貌、聪慧和一生绣品的苗家女子！

我们继续在村子里考察。在十字村巷交汇的小广场上，见村里的姑娘媳妇们三五成群的在大树下的石凳、竹椅、条石上绣花。她们的膝下脚边，有扎着牛角的小丫不出声地看着，或绕膝而去。女子们手里都拿捏着针线和绣品，显然这里不仅是家长里短聊天纳凉的地方，还是她们交流手艺、交换花样和媲美的场所。我的目光从她们手上的绣品扫过，移到她们的脸上。我的镜头也留下了她们一张张纯朴的笑脸和色彩斑斓的绣品。我想银杏树下的老人生前一定也在这棵树下坐过，她坐在人群里的时候也许和她们一样，没什么分别。如果一定要说有什么不同的话，那就是在她的心中可能有更多的追求、更多的想法、更宽广的视野。当绣花针在她的手里上下穿梭的时候，她的心中一定盛开着四季的百花。

就在我离开她们的时候我转念又一想，谁又能说，眼前这一群苗家姑娘们里就没有当年老人的传人？

二十年来，我在古村落里跋山涉水地走着。背离着都市的喧嚣与繁华，舍弃着种种的名堂和利诱。我看到了家门前看不到的风景；我找到了吃饭活着的意义；我驱逐了人最脆弱的东西，对金钱的崇拜和追逐；我发现了在权钱名禄背后的昏暗；我明白了世界上最有价值的东西其实不是钱；当我在为社会与自然服务的过程中，我得到了社会与自然最慷慨的回馈，装得下山川湖海的胸怀！

人们常常用"古村落是你的女儿"来表示对我执著精神的一种赞誉。于是我常常问自己，"究竟古村落是我的女儿，还是我是古村落的女儿？"或许两个都是，但更准确一点的

话，应该说"我是古村落的女儿！"因为，其实我在古村落中所得到的远远大于我在古村落中所付出的。今天银杏树下的那位老人，用她默默无闻的一生，留给了世人与后人绵长的思念和对生命意义的无尽的遐想与思考。

离开文斗的时候因为赶班船，而没有再一次去银杏树下凭吊那位老人。但在我的心底里，又多了一个美丽！这个美丽与生命同在，与日月同辉！　　　　（撰文、摄影：张安蒙）

# 神奇的"鹿角松"

【古树名称】屏南马尾松

【基本情况】树种：马尾松 *Pinus massoniana*（松科松属）；树龄200余年；树高25.8米；胸径1.6米；平均冠幅15.8米。

【生存现状】该树枝叶茂密，树型挺拔，树冠饱满，长势旺盛，无枯枝焦叶，偶见极轻微的松赤枯病，总体生长良好。

【保健措施】重点注意森林防火，防止火灾烧伤；加强管理，定期开展林业有害生物监测，及时做好病虫害防治工作。

屏南马尾松，位于福建省屏南县岭下乡葛畲村

这棵位于福建省宁德市屏南县岭下乡葛畲村的马尾松王，主干离地1.5米处一分为三，三根并排笔直的树干直径都在1米以上，高耸入云。从远处看，三根树干的形状酷似一根根"鹿茸"，昂首俏丽，因此，这株松树被当地人形象地称为"鹿角松"。

据传，葛畲村苏氏始祖奶泰、奶顺兄弟二人当年从建安忠溪随母迁入时，寄人篱下，家境贫困，历尽艰辛。但老天不负有心人，奶泰、奶顺兄弟艰苦创业，克勤克俭，家道日渐殷实。但是，他们常常感念父亲、叔叔等亲人的尸骨还没有入土安葬，内心十分不安。于是，请了风水先生在村旁找了一穴墓地。此地背靠后门洋，地形颇像一只活泼可爱的麒鹿，从洋中兴奋奔出，俗有"麒鹿出洋"之称。奶泰、奶顺兄弟非常高兴，就将父亲积长，叔叔积善、积玉合葬于此，终于了却了一桩心愿。为美化墓地，苏氏先祖在坟墓周围播撒了松籽。奇怪的是，只在墓正中上方长出了一株。这株松树经过苏氏历代宗亲的精心呵护终长成材。

自从苏氏得此风水宝地之后，果然家道中兴，人丁兴旺。后来，人们对这株"鹿角松"充满了许多美好的想象：松树主干一分为三，象征墓中葬了积长、积善、积玉三公；墓地为"鹿形"，墓头上方长一"鹿角松"，惟妙惟肖，使这只"鹿"更具神采和活力，似乎上天有意安排。这株松树也形象、真切地告诉苏氏后人，无论自己身处何方，都应记着自己的根在葛畲，都不能忘记同根同源、血浓于水的亲情，都应承前启后，胼手胝足，薪火相传。

（撰文、摄影：庄晨辉）

# 卧墙槐的传说

【古树名称】润城槐树

【基本情况】树种：槐树 *Sophora japonica*（豆科槐属）；树龄500年以上；树高12米；胸径0.5米；平均冠幅25米。

【生存现状】主干分出两个大枝，一枝朝南，一枝往西南。朝南一枝已枯死；往西南一枝整体枝繁叶茂，长势良好，但也有枯枝。

【保健措施】枝干下方由三个立柱支撑，保护树体；监测虫害，发现虫情及时除治。

　　树从墙中出，墙随树势修。这就是山西省阳城县润城镇西坡村500年树龄的古卧墙槐情景。

　　传说，明朝中后期，西坡村曹、刘两家为耕读世家。当时曹家在修建自家房子时，从房子的南院墙中长出一棵槐树，主人感觉奇特，就任其生长。多年后，小树已经长到数米高。主人因人口增加，生活日趋富足，便决定在距离老宅近10米开外的地方再修一座大院，称为书房院。

　　当书房院房子修到窗户一样高时，房主人和夫人夜里商定房子修起后到书房院居住。巧的是第二天早上，一件奇异的事情发生了。老槐树根纹丝未动，树干却横向长出，跨过近10米的两墙间距，把树梢搭在了书房院的墙上。不仅曹家人，而且全村人都感到神奇。尤其是本村刘家对老槐树出现的这种奇异状况，感动得声泪俱下："都说草木无情，今日老槐卧墙才知万物有灵，老槐念主当年不毁之恩，得知主人要搬迁新居，遂倾身相随，把浓荫献给恩人。我等中间多少人能如此槐痴情？"说罢、哭罢，倒头便拜。曹家听此言，

新修房屋便随老树生长。数十年后，新宅成为读书院，树到处浓荫蔽日，方圆数十米成为曹、刘两家及全村百姓世代乘凉、吃饭、谈天说地的"乐土"。自清朝起，刘家诞生3名举人，分别为：刘作霖，嘉庆戊寅（1818）年中举，官至吉州学正，工古文，诗歌以峭拔见长；刘昂华，庚午（1870）举人，官至沁州学正；刘祖尧，举人，官至陕西淳华知县。此外，诗人刘灏饮誉沁河两岸。其《观剑》豪气干云："看到霜锋兴自豪，峥痕凛凛竖寒毛。蛟龙毕竟宜沧海，岂许青山作阻挠？"而曹家也出了两位了不起的人物，一是曹升秀，号芝山居士，终生不仕，寄情翰墨丹青，1874年任《阳城县志》分修，该县志全部地图、插图由其完成；一是其侄子曹翰书，咸丰壬子（1852）进士，官至热河同知。

　　数百年弹指一挥间，这棵古卧墙槐虽然枝干已老化，树皮已脱落，但依旧以旺盛的浓荫庇护着后人，不仅成为一代代家乡人记忆中无法磨灭的印迹，更成为家乡人精神的寄托。

（撰文：张安蒙；摄影：范俊秀、张安蒙）

润城槐树，位于山西省阳城县润城镇西坡村曹家老宅两院之间

# 千年香榧　榧香千年

【古树名称】黎川香榧

【基本情况】树种：香榧 *Torreya grandis*（红豆杉科榧树属）；树龄1500年；树高16米；胸径1.56米；平均冠幅13米。

【生存现状】树叶绿色，目测无明显枯叶、焦黄叶；树枝部分因受雨雪冰冻灾害折断，枯枝已被清理，现无枯枝、死枝；主干正常，偶有腐斑、树洞，主干上有少量藤本植物，冠形较饱满，无严重的病虫害，总体上生长状况良好，长势旺盛，每年还可结少量的果实。

【保健措施】一是对"香榧王"实行挂牌保护，建立严格的"三防"制度，设立专职护林员巡逻管理；二是针对2008年黎川遭受严重的雨雪冰冻灾害，"香榧王"部分枝干被压断，采取清除枯死枝，进行抚育、施肥、透气、病虫害监测防治等措施对其进行复壮；三是结合工程造林项目，采取适当的营林措施，改善"香榧王"的生长环境；四是结合我县香榧产业的发展，大力宣传保护野生香榧的意义，增强公民的保护意识；五是合理控制人为干预，减少人为活动对古树的影响和伤害。

黎川县岩泉国家森林公园保存有6000多株野生香榧树。这些香榧树树龄大的在1500年以上，小的也有100多年，生长在岩泉大山的沟谷里，山坡处，一丛丛，一簇簇，成为一片永不褪色的绿洲。其中，有一棵千年古香榧，枝繁叶茂，树干高耸入云，虽然历经千年，至今依然果实累累，榧香四溢，保持着旺盛的生命力，被人们称为大山里的森林王子。

相传很久以前，岩泉山脚下的一个村庄有村民突然患上了一种怪病。开始，村里只有两三个男人得病，可很快就像瘟疫一样蔓延开了，人们开始慌乱起来。许多年轻的妇女纷纷来到菩萨庙里烧香拜佛，祈求神仙保佑，但是依然无济于事，得怪病的人越来越多，整个村庄被一种恐怖气氛所笼罩。面对日益消瘦，奄奄一息的家人，妇女们束手无策。此时，村里一位长年在山里采药的老人告诉她们，在岩泉的大山里有一棵古香榧，树上结的香榧果可以治愈此病。于是，她们翻山越岭，在岩泉麦溪洲的山坡处找到了那棵古香榧。这棵古树的枝头挂满了香榧果，妇女们采摘了整整一箩筐，回家后她们立即把这些果实炒制焙熟，给患病的男人服用。服用后的第一天，男人们气色便开始好转，第二天就可以下床活动，第三天就可以下地干活了。从此，岩泉古香榧树便成了当地村民心目中的神树。为了答谢这棵香榧古树的救命之恩，村民们便在岩泉主峰会仙峰的山顶盖了一座寺庙，每年的农历七月一日，他们都会上山烧香拜谢。

香榧果

连片的香榧林
黎川香榧，位于江西省抚州市黎川县岩泉国家森林公园麦溪洲工区内

　　香榧果的神奇功效不胫而走，名声日盛。后来，居住在山脚下宏村镇的一户孔姓村民干脆举家迁居，在古香榧树旁安下了家。他们日夜与香榧树为伴，为它砍除杂草，通风透气，使香榧树常年郁郁葱葱，生机勃勃，果实满枝。该户村民搬来以后，发生了一个奇怪的现象，原来在岩泉大山里只生长着这一棵古香榧，自从他们搬来以后，每年春天跌落在树林间的香榧果便长出一株株的香榧苗，这些香榧苗散落在岩泉的沟谷山坡处，渐渐地便生长成为一大片一大片的香榧林。

　　散发奇特香味的香榧果还曾是朝廷贡品。据说，宋代黎川县钟贤乡一位官员把它送给当朝皇帝宋仁宗品食，仁宗皇帝对其奇特的香气十分赞美，每日必食几颗。一时间黎川岩泉香榧果的名声便在宫廷里传扬开来，朝廷的官员、宫女都把它当做盘中珍果。芳香四溢的香榧果成为馈赠亲友的佳果美食，宋代著名诗人苏东坡更是对它大加赞誉，他在诗中写道："彼美玉山果，粲为盘中食。"香榧果成为市场上的抢手货。

　　千百年后，古香榧树繁衍的子子孙孙也长成了参天大树，他们依然守护着这棵千年古香榧，和她相依相伴，而香榧古树依然青葱翠绿，果实满枝，榧香千年。

（撰文、摄影：曾志强）

# 遂川 "罗汉王"

【古树名称】遂川罗汉松

**【基本情况】**树种：罗汉松 *Podocarpus macrophyllus*（罗汉松科罗汉松属）；树龄1000年；树高21米；胸径5.82米；平均冠幅19米。

**【生存现状】**树干枝条十分发达，枝叶茂盛，苍翠葱郁，目测无明显枯叶、焦黄叶；树枝正常，少量枯枝、死枝；主干正常，偶有腐斑、树洞；冠型饱满，无缺损；无严重的病虫害。总体上生长状况良好，长势旺盛。

**【保健措施】**定期开展监测，观察是否有病虫危害，做好记录，发现病虫情，及时上报；清理枯枝、死枝，处理枝干腐烂、树洞等，采取浇水、施肥、控制授粉结果、疏果、叶面喷水等，保证树木生长养分和地面透水透气；控制周边区域除草剂使用量；加强极端天气情况下的养护；合理控制人流量，减少人为活动对古树的影响或伤害。

遂川县衙前镇段尾村老屋场境内，生长着一棵罗汉松，为江西之最，江南罕见，被人们称之为"千年罗汉""江南罗汉王"。

这棵罗汉松见证了唐朝以来的朝代更替，有着逾越千年的历史。该树苍劲婆娑，常年不见开花，4～5月结果，9～10月果实成熟。果实分两截，上截圆如黄豆，下截长如细枣，宛如打坐的罗汉。成熟的果实红紫色，味甘甜可食。由于虬干蚴枝的特大树形，满树绿色、红色、紫色的果实，昭示着长寿、吉祥，受到当地人的格外尊崇，对它敬若神灵。

相传，在老屋场这个小自然村，罗氏最早在此定居。一天，有一云游和尚，路经此地到罗家化缘，罗氏家中缺粮少米，也很贫困，当时甑中空无一物，惟甑下锅中有两个煮熟的玉米，欲留给孙子孙女作午餐。罗氏犹豫了片刻，慈悲向善之心油然而生，他把这天中餐仅存的两个熟玉米递给了和尚。两个小孩见玉米给了他人，急得哇哇大哭。和尚见此情景，便从布袋里淘出三粒上绿下红形似和尚打坐的果子说道："今日相逢皆有缘，向善之心佛可鉴，这是神仙果，且送与你罢"。罗氏拿了两粒分给小孩后，看着剩下的那粒果子说道："这神仙果要是大家都能吃上就好了"。和尚听后更加为之感动，再从布袋中淘出一粒果子向空中一扔，口念："阿弥陀佛，善哉、善哉。"果子落地后便长出一棵大树，树上结满了红红绿绿的果子。罗氏见此情景知道遇到了神仙，叩头便拜。和尚笑道："红尘多是沥风雨，还滋本色四季同；但教人间增翠色，更祈结果与佛供；默默相视勿多语，意寄窗后罗汉松"。念后，在一阵爽朗的笑声中随风而去。后来，大树的种子落下，树旁又长出许多罗汉树幼树。历经数代传扬，人们把这个和尚称为"布袋和尚"。明朝，彭氏家族因有几处山场在段尾，为便于经营，分派一支从衙前上境迁徙至此。罗氏后来迁往邻近的士高村。彭氏把罗氏居住之所称为老屋场。彭氏及其后人根据这段传说，把这棵罗汉松作为神树予以保护，小孩每碰到灾厄病难，家中老人会把一根长红绳系上一块红布绑到树上，并在树下燃烛点香

唐·罗汉

遂川罗汉松，位于江西省遂川县衙前镇段尾村老屋场

烧纸，祭拜罗汉松，企盼神树保佑晚辈无灾无病、消灾祛病，健康成长。

随着衙前镇生态文化、古树文化、人文文化的声名鹊起，罗汉松因其悠久的历史，硕大的树形，清雅挺拔的神韵，雄浑苍劲的傲人气势受到游人的膜拜和崇敬，又因其契合中国文化"长寿""守财""吉祥"等寓意，很多游人慕名前来观赏和叩拜。这棵"江南罗汉王"已成为江西古树名木的一张名片。

（撰文、摄影：遂川县林检局供稿）

# 铜梁黄葛门夫妻树

【古树名称】铜梁黄葛树

【基本情况】树种：黄葛树 *Ficus virens*（桑科榕属）；树龄300年；树高30米；胸径2.3米；平均冠幅30米。

【生存现状】历经三百年风霜雪雨，树根离地约3米处树皮已被摸得光光滑滑，裸露的树结疙疙瘩瘩，但两树依然根壮茎粗，腰板挺直，长势旺盛，枝繁叶茂，正常开花结果，无枯死树枝，无严重的病虫害。

【保健措施】利用黑光灯诱杀害虫；监测种群密度，发现严重病虫情，及时防治；合理施用肥料，保持树木有良好的营养供给；加强保护，避免人为破坏；定期整形，修剪，保持坐果率。

在巴岳山西麓古道两旁有两株黄葛树，两树在离地面约3米处拥抱，融为一体，下面形成一个天然的"门"。相生相拥约1米之后，各自把枝杆尽情伸展，直到最高处枝叶又一路牵手，相互掩映，形成一把遮天蔽日的硕大绿伞。大自然的造化成就了令人称奇的"黄葛门"自然景观。神奇的景观有着神秘的故事，黄葛门夫妻树就有这样一段美丽的爱情佳话。

300年前，巴岳山有个静广寺，香火十分旺盛。一天，一个瘦骨嶙峋的老者带着一个小男孩来到静广寺，将小男孩

铜梁黄葛树，位于重庆市铜梁区南城街道黄门村6社

托付给了庙里的天真长老，长老给小男孩赐名"慧明"。慧明乖巧勤快，深得长老喜爱，成了长老的书童。耳濡目染加上长老点拨，慧明的学问技艺日渐长进。一晃十年，慧明十八岁，虽身披袈裟，却俊朗挺拔，眉宇之间，竟有一股儒雅之气。

一天，铜梁城郭员外的夫人带着女儿郭香妹来庙里进香。郭家是大施主，天真长老让慧明奉茶礼待，郭香妹不经意地看他一眼，两人四目相对，突然间都有了异样。荣夫人看在眼里，脸色马上沉了下来，当即起身，推说家里有事，立马要走。长老让香妹跟随慧明出去，与夫人说了慧明的身世：慧明本是书香门第，忠良之后，他的父亲因为得罪奸臣，蒙受不白之冤，被满门抄斩，被迫将孩子带到巴岳山。长老说："世事轮回，皆有因果，香妹年方二八，尚待字闺中，她在等一个人，慧明与姑娘前世有缘，今生得见，这是天意。"夫人听如晴天霹雳，铜梁城堂堂的郭员外家，怎好让一个和尚进门呢？她心中十分纠结。茫然四望，无意中看见山门外通往巴岳山的必经路口上，有两棵小黄葛树在风中摇晃，树枝互相摸挲着。夫人灵光一闪，想出一个主意，遂指着山下说："山下路口边有两棵黄葛树，我们以一年为期，若那两棵树能合二为一，我就相信天意，把香妹嫁给慧明。"天真长老点头会意。母女俩辞别后，天真长老讲了荣夫人和他约定的事，便让慧明马上还俗，到山下去伺候那两棵黄葛树。临行前，天真长老交给慧明一本医书——《金丹秘籍》。

慧明下山后，在黄葛树旁搭起一间小屋，从巴岳寺的玉版泉引来圣水，浇灌黄葛树，也供过往的行人饮用。遇有伤病的，慧明便给他们治病疗伤。

一年之期眼看就要到了，但两棵树丝毫没有合拢的迹象。到期的前一天，慧明想到他和香妹的姻缘就要断了，心中不由万分凄凉，就到两棵黄葛树中间打坐，向佛祖作最后的祈祷。午夜时分，天空突然电闪雷鸣，仿佛整个巴岳山都在颤动，紧接着，瓢泼大雨铺天盖地而来。慧明像是被石化一般，纹丝不动。第二天清晨，郭香妹赶到了巴岳山下。慧明听见动静，睁开失神的双眼，滚下两道清泉，"香妹，你我今生无缘，来世再相会吧！"香妹抓住慧明的双手，"慧明，你看！树！"慧明仰头一看：两棵黄葛树竟然相拥在一起！

从此，黄葛门成为忠贞爱情的象征，四方爱人皆来祈愿。因为爱情，新人们要来黄葛门坐一坐；七年之痒来黄葛门走一走，看看三百年老树依然情浓，彼此珍惜缘分，促使家庭和睦；遇到自以为过不去的坎，来抱一抱黄葛树，摸摸它疙疙瘩瘩的皮肤，裸露的经脉，感受它的心跳，听它轻微的呼吸，三百年风霜雪雨，依然腰板挺直，枝繁叶茂。

黄葛树是重庆市的市树，黄葛门在上世纪80年代就闻名市内外，被文人墨客咏叹，被省市电视台、各大报纸、网站争相报道，两棵相依相偎的黄葛树，被市民赞为"黄葛树王""夫妻树""情人树""鸳鸯树"，黄葛门的美名越传越远，连挂历、杂志上都有了它的倩影。

（撰文：刘刚；摄影：郭宏）

# 辛村劝孝树

【古树名称】洛阳皂荚

【基本情况】树种：皂荚 *Gleditsia sinensis*（豆科皂荚属）；树龄600年；树高15米；胸径5.43米；冠幅12米×12米。

【生存现状】树叶绿色，目测无明显枯叶、焦黄叶；树枝正常，无枯枝、死枝；主干有腐斑、树洞；冠型饱满，无缺损；现有沫蝉危害严重，总体生长状况较差。

【保健措施】定期开展监测，观察是否有病虫危害，做好记录，发现病虫情，及时上报；施农药杀虫，处理枝干腐烂、树洞等；采取浇水、施肥、控制授粉结果、疏果、叶面喷水等，保证树木生长养分供给和地面透水透气；设置围护栏杆，实施支撑保护工程，完善加固措施，恢复树势。

洛阳皂荚，位于河南省洛阳偃师市高龙镇辛村第二组辛平山门前

洛阳偃师市高龙镇辛村有一棵树龄约600年的古皂荚树。传说很久以前，有一户人家，儿子大逆不孝，年迈的父母被其赶出家门，居住在辛村一间破旧的草房里，衣食无着。

有一天，父亲做了一个梦，梦中一位神仙说，门前青石下面有一罐金子，你可以用来度日，但不能告诉其他人，包括自己的儿子，否则这些金子就会变成一棵树。父亲按照神仙指点，果然取出了金子，从此过着衣食无忧的日子。后来，儿子听说了这件事，便三番五次来给父母赔罪，还假惺惺地装出要好生孝敬老人的样子，并向父母不断诉说自己生活的艰辛，希望父亲能告诉他藏金子的地方，父亲一直没有理会他。

有一天父亲生病了，儿子和儿媳假装十分难过，百般殷勤地侍奉老人。父亲心软了，再加上儿子儿媳的哭诉和老伴的劝说，终于忍不住把藏金子的地方告诉了儿子。

当得知藏金子的地方后，儿子撇开患病的父亲，急急忙忙就去取金子。但当他满怀希望找到那个地方时，只见青石下面刚长出一棵皂荚树幼苗，却没有金子。他失望地返回屋欲向父亲问个究竟时，老父不见了。

这个故事一代代流传下来，皂荚树也越长越大。新中国成立后，村子几经变迁，皂荚树受到过严重破坏，树干空了，但枝叶繁茂。如今，谁家的孩子不孝顺，当地人都会用这棵树的传说教育子女。

（撰文：许秋萍；摄影：王联营）

# 三棵榆的传说

【古树名称】西宁三棵榆

【基本情况】树种：榆树 *Ulmus pumila*（榆科榆属）；共3株，平均树龄240余年；树高21米；胸径1.2米；平均冠幅8米。

【生存现状】无明显枯叶、焦黄叶；主干正常，侧枝有枯枝、死枝；有腐斑、树洞；冠型有缺损；树势和生长状况较好。

【保健措施】清理树身上的钉挂物，修护围栏，保护根部，减少人为活动对古树的影响或伤害；处理枝干腐烂、封堵树洞，清理枯枝、加固支撑；采取改良土壤、浇水、施肥等措施，保证树木生长养分和地面透水透气性；定期开展监测，做好记录，及时开展防治。

西宁三棵榆，位于青海省西宁市城中区西大街民主街交接处。

西宁位于我国西部黄土高原的西端，这里并非白榆的天然分布区。据考证，西宁的三棵老榆树是从中原引种的，能成活并长成参天大树实属不易。

当地有个传说，三棵老榆树最初引进时，种在了县衙附近，衙门的人对树的死活不闻不问，从来不给树浇水。这棵树长到碗口粗的时候，枝断梢枯，眼看着就要枯死。恰在这时，西宁城内出现了一个蓬头垢面、破衣烂衫的叫花子，只见他腰里挂一个盛水的葫芦，手里拿一根打狗的棍棒，拖着条一走三摇的瘸腿，大概是又饿又累的缘故，往树旁一躺，敞开衣襟，露着个大肚皮，正好露出肚皮上一个大大的脓疮，脓血不住地往外流。这个叫花子人尽管躺在地上，仍然伸出他又脏又黑的手，像孩童似地向行人要吃要喝，有心软的人不时给他一些吃的，可他不管吃多少，总是没个饱。奇怪的是，叫花子还把流出的脓血一面往榆树上涂抹，一面怪怪地高声吆喝："谁舔一舔？谁舔一舔？"过往的行人见到这一幕，无不掩鼻而过，甚至有人"借势"恶心得要吐。有好事者问他从何而来，他说："我从来处来，去处由你猜。"如此持续了三天，喊叫了三天，到第四天就不见人影了。他一离开，西宁小教场的旗杆全都被大风吹倒了，而三棵榆树却毫发无损，吹落的榆钱儿，成了馋嘴孩子的美味。从那以后，榆树长得根深蒂固，枝繁叶茂。人们猜测那叫花子就是八仙中的铁拐李，大家都视这三棵老榆树为神树。

（撰文：张鹏、汪荣；摄影：张鹏）

# 大杨树的传说

【古树名称】北武当银白杨

【基本情况】树种：银白杨 *Populus alba*（杨柳科杨属）；树龄300余年；树高18米；胸径1.2米；冠幅25米×25米。

【生存现状】树叶绿色，目测无枯叶、焦黄叶；树枝正常，主干高大，冠形饱满，无缺损；长势旺盛。偶有青杨天牛发生，但未影响整体生长。

【保健措施】采取打孔注药、虫孔注药、刮皮涂药、挂吊瓶输营养药、根部施肥等措施，使其恢复和保持健康。采取建设围栏、加强施肥、修剪等管护措施，保护树木健康成长。

话说很早以前，有一个姓赵的石匠，长年在大碾口沟里打石磨石碾子。赵石匠的手艺是祖传，加上自己勤奋刻苦，他打的石磨石碾子名闻十里八乡。赵石匠不但手艺超群，而且人品出众。

赵石匠老两口生有一个宝贝女儿，这让老两口又高兴又发愁。高兴的是女儿一天天长大，虽然身居山野，却出落得一朵花似的，他们给她起名福丫头；发愁的是，女儿到了婚嫁年龄，迟早要离他们而去。

说来也巧，这一天有一个年轻人从石料场经过，因饥渴难耐，向赵石匠讨碗水喝。赵石匠将水递了过去，和他攀谈起来。原来他的家乡闹了灾荒，父母双双故去，只身一人在外逃荒，不料走进大山迷失了方向，听见锤凿的声音才找了过来。赵石匠听完动了心思，就把年轻人留在了身边。

这年轻人叫寿孕子。

俗话说"挑葱的见不得卖蒜的"。大碾口沟里另有一个石料场，也是打石碾子石磨的，不过这家石料场是大财主罗镇山开的，场面和阵势要比赵石匠大得多。但他们打的石碾子石磨却无人问津。看着进山的车马都去了赵石匠那里，罗财主气不打一处来。

这一天罗财主来到赵石匠的石料场，皮笑肉不笑地对赵石匠说："该交份子钱啦。"赵石匠一脸诧异，问道："份子钱不是按年交嘛，年头我已经交过了，怎么又要份子钱呢？"

罗财主说："份子钱是随收入走的，你发了大财，就得多交。"随后，罗财主伸出一只手掌，举到赵石匠面前："三天内交不齐五百两银子，立马从大碾口沟里滚出去！"。

赵石匠瞪大了眼睛，呆呆站在那里，一句话也说不出

北武当银白杨，位于宁夏回族自治区石嘴山市大武口区北武当庙门前

来。半天他试探着问："就不能通融通融吗？"

恰巧福丫头送饭来了，罗财主对着她端详了半天，说道："想通融也行，明天让你闺女到我府上去做工，啥时候银子凑齐了，她啥时候回来。"说着，在福丫头脸上摸了一把。

看到罗财主打自己闺女的主意，赵石匠压在胸中的怒火一下爆发了。他将手中的水碗砸向山石，一赌气收了石匠场子回到家中。可是不干石匠活又能干什么呢？思来想去，他想到了西边的另一条山沟，那里地势平坦，土质肥沃，而且有三股山泉，只要开了荒地修了渠道，就可以种植庄稼蔬菜。说干就干，第二天赵石匠带了寿尕子和福丫头来到这里就动手干起来。新开垦的荒地当年开当年种，他们种够了自己的口粮，其余的地全都种了韭菜。果不出所料，山沟里的韭菜生长十分茂盛，挑到山下去卖，一进村就放了抢。山沟里的韭菜很快出了名，众人给山沟起名叫韭菜沟。

韭菜沟的事很快传到了罗财主那里。他先派手下上山打探，然后带着一彪人马闯进沟来，二话不说，抢起镢头挥舞铁锹连刨带铲，把韭菜田翻了个底朝天。顷刻间，菜地变成了荒田。菜死了，埂断了，渠毁了，山沟一片狼藉。这帮人横行霸道，直惊得鸟飞了，兔子跑了，孵蛋的山鸡来不及飞起来，便被一棍子打死了。等那帮人折腾完了，福丫头捡起窝里的七只鸟蛋，小心翼翼地拿回了家。

赵石匠受了这无端的窝囊气，一病不起。看着自己病入膏肓来日无多，便把寿尕子和福丫头叫到面前说："我恐怕不行了，我死了以后，你们就成亲，带着你妈离开这是非之地。"福丫头咬紧牙关，两眼喷火，她一字一顿地说："此仇不报，我绝不谈婚论嫁。"

没过多长时间，赵石匠含恨离开了人世，寿尕子和福丫头埋葬了亲人，开始了新生活。寿尕子每天下山给人打短工，挣些米面工钱维持生计，福丫头在家操持家务，采些山

菜山果山药填补家用。平常的日子里，她把心思全部都用在了七颗鸟蛋上，盼它们早早孵出小鸟。

一个月过去了，七只雏鸟破壳而出，几个月过去了，七只小鸟长出了翅膀，像七个仙女下凡，整天围着福丫头和寿尕子，形影不离。为了让小鸟们有一个属于自己的家，她们在门前栽了几颗杨树，每天浇水施肥、修剪捉虫，精心管护。杨树慢慢的长成大树，枝繁叶茂。福丫头指着杨树对小鸟们说："是鸟就得上天，是鱼就得下水，你们整天围着我转不会有本事的，你们要学着飞。去吧，往树上飞，那里才是你们的家。"小鸟们好像听懂了她的话，一个个振振翅膀，扑楞扑楞飞到树上去。

三年过去了，杨树越长越茂盛，小鸟已经长成大鸟。它们羽翼丰满，色彩华丽，全然不是山鸡的摸样，每天在杨树周围飞翔，杨树也为他们搭起了一个温暖的家。福丫头看着它们一天比一天长大，应该到外面更广阔的天地里去，不能总是守在这山旮旯里，于是她对着树上的鸟儿说："孩子们，你们都长大了，翅膀也长硬了，该到外面的世界闯荡去了。"

鸟儿们听完，伸长了脖颈向天长鸣，声音十分哀婉。最终，它们拍打着翅膀飞向天空，绕三匝，然后飞向远方。

鸟儿们飞走了，福丫头忽然像丢了魂一般，没着没落的。她吃不下饭，睡不着觉，整天对着那几颗杨树发呆。十年过去了，寿尕子说："罗财主已经死了，你看我们的婚事？"

福丫头长叹一声："老财主是死了，可是小财主比老财主还歹毒，他们霸占了西山，穷人连个柴棍棍都拿不出来。不扳倒这种人，穷人就没有活路。"寿尕子再也没敢提成亲的事。

日子就这么一天又一天、一年又一年地过去了，寿尕子和福丫头已经老了。忽然有一天寿尕子来到福丫头屋里郑重其事地说：

"我们虽然在师傅面前发过誓，但是这么多年过去了，我们要想搬倒罗家，那比登天还难。再说了，冤冤相报何时了，不如放弃吧。俗话说，善有善报，恶有恶报，不是不报，时机不到。他罗家做下的孽，老天爷会惩罚他们的。所以我有个想法，与其报仇，不如行善。"福丫头也说："你跟我想到一起了。我想，我们与其为父报仇，不如为父母积德。"

没过多久，他们在几棵杨树旁建起两座寺院。西边是寿永寺，静安师傅为住持，静安是寿尕子的法号。东边是福源庵，静云师傅为住持，静云是福丫头的法号。两座寺庵虽然简陋，但是香火不断。

六月初六这一天，静云正在诵经，忽听得门外一阵鸟

鸣。她心中一阵激动，慌忙停了木鱼出门来看。声音是从大杨树上传来的，她抬头一看，树上落着七只凤凰。那些凤凰见到她，一个个振翅亮羽，鸣声不断。静云一看惊呆了，天啊！这是从哪里飞来的神鸟？她赶紧进屋取出香炉，焚香祭拜，对着神鸟直念阿弥陀佛。

神鸟在杨树上呆了一个时辰，展翅飞去。临飞之前，每只鸟均拉下一泡鸟粪，静云拿了笤帚便去扫鸟粪，眼前的情景让她惊呆了，放在她面前的，分明是七颗光闪发亮的金蛋蛋！自从那年开始，每年六月初六，神鸟都会来到大杨树上并留下七个金蛋蛋。

有了钱，静云要做的第一件事就是周济山下的穷乡亲们。很快，神鸟下金蛋的事便在十里八乡传开了。每年六月初六，乡亲们早早上山，云集在大杨树下，等待神鸟的到来。神鸟下金蛋的事自然也传到了罗财主那里，他日思夜想，想出一条毒辣的主意来。他要捕获这七只神鸟，让他们天天为自己下金蛋。

又是一年六月初六，日出时分，只见山后一片霞光，不大的工夫，七只神鸟飞过山顶，落在大杨树上。罗财主带领一帮人早早守候在这里，见鸟已落稳撒开大网把大杨树罩了个严严实实，七只神鸟全被罩在网里。罗财主一边指挥收网，一边得意忘形地开怀大笑。突然，七只神鸟一起扇动翅膀，顿时狂风大作，飞砂走石。狂风吹起山上的石头，向捕鸟的人群砸去。大风过后，鸟飞了，人没了，原来那些人全被刮到一里开外的山沟里，被山石砸撞而死。再看罗财主，头被石头砸得稀巴烂，已经没了人形。

七只神鸟展翅高飞。人们向着神鸟飞去的方向跪拜，感谢神鸟为他们除去恶霸，带来幸福。

（撰文：李志强、鄂海霞；摄影：李志强）

# 顽强的千年樟树王

【古树名称】德化樟树

【基本情况】树种：樟树 *Cinnamomum camphora*（樟科樟属）；树龄1300年；树高25.5米；胸径1.7米；平均冠幅6米。

【生存现状】该树枝条粗壮，树叶茂密，无枯枝、枯叶，偶有蚜虫出没，但对生长不影响。总体生长良好，长势旺盛。

【保健措施】定期开展监测，及时发现病虫危害，主动做好病虫害预防工作；春季施肥，夏季适当浇水，必要时挂置树体营养液，保持树木生长所需养分、水分；不在树根周围铺设水泥，以免影响透水透气。

据《德化县志》记载，这株古樟植于唐代。据传在唐末五代时，有两位秀才，一位姓章，另一位姓林，为避黄巢起义战乱来到了小湖村。两人走得精疲力尽，躺在樟树下休息，很快就睡着了，同时梦见一位身披树叶的老翁站在面前，对他们说了四句隐语："两氏与吾本同宗，巧遇机缘会

德化樟树，位于福建省泉州市德化县美湖乡小湖村

一堂，来年同登龙虎榜，衣锦荣归济四乡"。

他俩醒来后，发现身边并没有其他人，只见这棵樟树，便恍然大悟，老翁所指"同宗"不正是林字的"木"旁加上"章"字成"樟"吗？如此说来，老翁就是樟树的化身。他们恭恭敬敬地向樟树拜了几拜，就再也不想走了，便在樟树下建房屋定居了下来。逢年过节向樟树摆供品敬奉，树周围有杂草就铲除；遇有山洪堵塞，及时疏通；碰到干旱就引水灌溉。年久日深，樟树生长自如。章、林二人白天劳动，夜间读书，大考之年果然双双得中进士。朝庭令报子登门报喜，报子把榜文贴在樟树上，即时，树叶沙沙地响，树干发出香味，一串串的白银，从树上掉下送给报子。章、林二人做官以后，为人民做了很多好事，当地村民为纪念他们，便在樟树旁建起了一座"章公庙"，又称"小龙庙"或"显应庙"。此庙至今尚存，香火不断。

如今，小湖村还保留着祭拜樟王的传统，据说已有300多年的历史了。祭拜当日，人们呼朋引伴、携家带口来到村里的樟树王公园，摆上祭台，奉上鲜花、果品敬奉树王。随后还有上香、民俗表演等活动。而与其他祭祀活动不同的是，在活动现场还向参加者分发樟树种子和树苗。

"发放樟树种子和树苗，就是为了让绿色环绕民居，也让樟树王的顽强精神传播得更远。"据当地老人介绍，这株古樟的树干内曾腐朽成一个大洞，洞里能摆放一张方桌，如今洞却不见了，原来年年生长的新生皮层不仅将洞口密封起来，而且把立在树下的一块墓道碑的基部也包裹了三分之一。可见这棵古樟还不断地外长内壮，其顽强的生命力令人叹为观止。上世纪80年代，德化县政府将这株樟树列为第三批文物保护单位，使千年樟树王得以更好保护。

（撰文、摄影：庄晨辉）

# 第六篇　民间神话

从来鬼魅怕馗神，跨界善行比长生。

人间贤能惠乡里，阴府神通泽子孙。

该篇讲述民间神话，通过将古树"拟人化"或以古树为依托，歌颂了人类社会驱恶扬善、造福百姓的正义精神，表达了人们向往和平、追求幸福的美好愿望。

# 千年紫薇

【古树名称】广元紫薇

**【基本情况】**树种：紫薇 *Lagerstroemia indica*（千屈菜科紫薇属）；树龄约1000年；树高12米；胸径0.8米；平均冠幅6米。

**【生存现状】**枝叶茂盛，1.5米分枝处病虫害较严重，有虫蛀腐烂现象。

**【保健措施】**对古树周围土壤进行翻新、杀毒、施肥，改善生存环境；对树干做杀虫防腐处理，持续开展监测。

广元紫薇，位于四川省广元市剑阁县剑门关梁山寺内

相传当年梁武帝刚上梁山寺时，寺内无饮水，志公佛爷便在天井中凿了一口井，又从大剑溪遣水上山，并在井边亲手栽植了一棵紫薇树作纪念。此树受志公仙水滋润，得佛爷亲手培养，很有灵气。它挺拔向上，直冲蓝天，竟长到南天门外，成了佛爷到灵霄宝殿议事的一条便捷小道。

不料这条捷径被孙悟空发现了，它也从此道悄悄上天，大闹起天宫来了。玉皇大帝无计可施，便叫佛爷设法征服。孙悟空有七十二变，一个跟斗能翻十万八千里，可是在佛爷这里，任凭悟空使出浑身解数，却总也翻不出佛爷手心，被佛爷控制在手心动弹不得。悟空被制服了，却怀恨在心，一心想伺机报复。

一天，午时三刻，上界要向凡尘降雨，午时已过，因雷公贪杯误事，到时，雨还没降下来，玉皇令请佛爷就近到雷神峡查办雷公。佛爷来到峡外，吼叫了三五声，仍不见雷公回答，便让手中的悟空进峡去把雷公拖出来。孙悟空钻进峡里，见雷公还在呼呼大睡，轻而易举地用金箍棒一挑，把雷公抛出了峡外。孙悟空心想，这不正是报仇的好机会吗？于是他拔了一根猴毛，用口一吹，变成了一个假悟空，回到佛爷手心，自己则从峡缝爬上了梁山寺。他打算断了佛爷到灵霄宝殿的捷径以解心头之恨，于是拿出金箍棒，一棒敲断了这棵紫薇树。孙悟空这下算是解气了，但又害怕了起来，他知道佛爷得知此事后一定饶不了他，又急又怕，情急之下，就变成了一棵千奇百怪、枝蘖交错、盘根错节、曲曲弯弯的紫薇树。佛爷处理了雷公一案后，回来一看，门前变了样，紫薇树也变矮小了，不但没法直通天宫，而且奇形怪状，十分难看，用手一摸，满树战战兢兢，龇牙咧嘴，知道是孙悟空的小把戏，但念其有悔过之心，就饶恕了他。故而，梁山寺的紫薇树，就变成了今天的猴儿状态。

（撰文、摄影：徐志蛾）

# 神奇的九龙柏

【古树名称】内丘九龙柏

**【基本情况】**树种：侧柏 *Platycladus orientalis*（柏科侧柏属）；群生，共9株，树龄2000年以上；平均树高约13米；平均胸径2.7米；平均冠幅7米。

**【生存现状】**粗大而隆起的树根裸露于岩石之外，又似龙爪深深嵌入岩石，纵横交错。树躯苍劲挺拔，树冠枝叶青翠，生长茂盛，仅有少量枯枝。

**【保健措施】**加强监测，及时除治干部害虫。

九棵侧柏为一次性栽植而成。远远望去就像飞腾的巨龙，气势如虹，绝世奇观，闻名天下。明代邑人崔数仞咏九龙柏曰："柏生山石石生柏，根入石山山作根；石山柏根同一体，石山不老柏长存"。

相传这九棵柏树为华夏名医扁鹊的9个弟子的化身，象征着扁鹊九个弟子守伴恩师，图报师德，同舟共济，众志成城的情怀，与"飞檐拔空、气势宏伟"的鹊王庙相映成辉。

传说，春秋战国之际，齐国民间名医扁鹊，携弟子周游列国，在内丘蓬山一带行医治病，医泽襄乡，名声远扬。弟子为纪念这位治病救人、起死回生的神医，修建了鹊王庙。扁鹊的十位弟子死后都葬在了离扁鹊墓不远的山坡上，其中一个弟子因是女性，按照古时习俗，被埋在另一个山坡上。两个山坡同时分别长出九株柏树和一棵柏树。因神医扁鹊被封为神应王，他的弟子顺理成章就是龙太子了，于是后人称九棵柏树为九龙柏，称另一棵柏树为凤柏。

古柏虽历经千年风霜雨雪，但无虫害损伤，连年结籽，显示了其旺盛的生命力。在首株古柏边，横卧一巨石，石上镌刻"九龙桥石柏"五个大字，笔锋雄浑刚健。古柏、字石为鹊王庙平添了浓重的古韵丰采，令人留恋忘返。九龙柏、凤柏与鹊王庙内的鸟柏和龙爪柏，刚劲常青，生机盎然，气势恢宏，衷心守护着中华神医扁鹊的魂灵。

（撰文：乔丽霞；摄影：刘志群）

内丘九龙柏，位于河北省内丘县南赛乡神头村鹊王庙前

# 千年不倒 "三宝树"

【古树名称】庐山 "三宝树"

【基本情况】树种：银杏 *Ginkgo biloba*（银杏科银杏属）；树龄1600多年；树高30米；胸径5.53米；冠幅22米×22米。

【生存现状】三株树均树叶绿色，目测无明显枯叶、焦黄叶；树枝正常，无枯枝、死枝；主干正常；冠形饱满，无缺损；无严重的病虫害，自2005年复壮工程开展以来，总体生长状况良好，长势旺盛。

【保健措施】建立古树保护档案，定期开展监测，观察是否有病虫危害，实行动态管理；改善土壤的通透性，拆除树冠投影范围内的硬质地面，西面护坡外围填土形成自然缓坡；改善光照条件，对其周边生长的柳杉、拐枣、毛竹等树木进行必要的疏伐或作疏枝处理，增加光照；定期施肥，在树冠投影范围以外，逐年逐次轮换开挖深、宽、长适度的放射沟，于每年3月中旬施入速效氮肥，7月中旬前后施入适量复合肥，秋末冬初施入适量腐熟有机肥。所施肥料均与开挖沟所取的土拌均后施入；防治虫害，害虫发生的若虫期，树冠喷施药液进行防治。

庐山 "三宝树"，由一棵银杏，两棵柳杉组成，位于江西省庐山风景区黄龙寺院内

庐山，素有 "匡庐奇秀甲天下" 的美誉。这里山青水秀，植被茂盛，其中有三棵古树久负盛名，被誉为庐山 "三宝树"。"三宝树" 中一棵是银杏，两棵是柳杉，三棵树比肩而立，绿叶繁茂，树又相互交织，树冠覆荫面积达到1200平方米，远远望去，浓荫蔽日，绿浪连天。

相传明朝的神宗皇帝朱翊钧，久坐皇宫，常被朝中的一些烦杂事务弄得头昏脑胀，就想找个幽雅恬静的地方消遣取乐。他听人说庐山风景优美，如同仙境一样，心里十分高兴，便带着爱妃、宫女和一干大臣，浩浩荡荡往庐山而来。

神宗一行上了庐山，见这里山格外的青，树格外的绿，水格外的甜，气候格外的凉爽，真是世间少有，人间难寻的好地方。神宗顿觉心旷神恰，禁不住手舞足蹈，游了一山又一岭，看了一景又一景。每到一处，都赞不绝口。

一日，神宗来到黄龙寺前，见东南有星洲峰、玉屏峰，对面是天王峰，峰峦迭起，直插云天。在群峰环抱之中，有

### 柳杉简介

学名 *Cryptomeria fortunei*，杉科柳杉属。

又名孔雀松。树龄807年，其中一棵树高41米，胸径6米，冠幅17米×17米。另一棵树高40米，胸径5.85米，冠幅20米×20米。

一块绿野，长着柳杉、栗树、古松、青竹，浓荫覆盖，绿茵茵一片，连太阳光透过树缝射进来，也好像被染成了绿色。在这片林子里，画眉歌唱，小鹿戏耍，那叮叮咚咚的黄龙潭泉水，更像是在弹奏一首动听的乐曲，使人如登仙境。特别是这儿有三棵参天大树，荫盖数亩，根盘十丈，主干笔直，高十余丈需数人挽手方能合抱。神宗不胜惊讶，忙问随身大臣，这是什么树，为何如此雄伟。有大臣奏道，这是晋朝的名僧昙诜从西域带回来的树苗，亲手栽种在这儿，其中两株是柳杉，一株是银杏，俗称白果树，因白果树生长缓慢，据说祖辈种树，孙辈才能获果，所以又名公孙树。

　　神宗闻听大喜，心想：我乃一国之君，天下万物均为我有，供我享受。便下了一道圣旨，要在这儿建一座行宫，把这片风景秀丽的绿野辟为"御园"，供帝王之家尽情享用。行宫建成，神宗就在庐山逍遥取乐：夜里，行宫内灯火辉煌，鼓乐齐鸣，宫娥彩女翩翩起舞；白天，神宗便在新辟的"御园"里漫步游览，品香茗，饮美酒，食山珍，花天酒地。

　　一日，神宗心血来潮，要在"御园"宴请朝臣。这神宗也想得实在奇绝，竟传旨要把那三棵参天古树锯倒，留下半身高那么一截，做天然大圆桌，举行一次别开生面的御宴。唉！皇帝一时兴起，千年古树遭殃，谁不心疼呢！

　　圣旨既下，谁也不敢违抗呀！于是调集了一百个木匠，举斧子的，拉锯子的，分别向这三棵古树开刀。可奇怪的是，任凭你斧子磨得再快，锯子挫得再利，力气使得再大，那三棵古树却是砍开了口子又长起来，锯开了口子又合起来。一连砍了几天，连树皮也没砍掉一块，在场的人无不感到惊奇。

　　有人把这事奏知了神宗，神宗勃然大怒，这三棵大树，竟敢违抗圣命，那还了得！于是传下圣旨，要这一百个木匠在三天内把树砍掉，如果耽误了御宴，统统杀头。

　　一百个木匠一听，全都哭了，哭得好凄惨啊！他们对三棵古树说"古树呀古树，不是我们要砍你呀，是圣命难违啊！砍不下你，我们全都要杀头啊！"

　　说来也怪，木匠们的话刚一说完，只见树枝儿左右摇摆，树叶儿哗哗作响，那三棵古树竟瓮声瓮气地说起话来："孩子们，你们真可怜啊！你们都有妻子儿女，我们不忍心让你们遭杀身之灾呀！你们先把我们的树枝一根根砍断，再把树干一块块挖下来，这样，你们就能把我们砍倒了。"

　　木匠们一听古树竟然会说话，全都吓呆了，真是神树啊！其中有个年纪稍大的木匠壮着胆子说："神树啊！为什么一定要这样砍呢？"

　　古树回答说："你们看，在我的前后左右不是长着许许

多多大大小小的树吗？他们都是我们的孙子、曾孙啊！如果一下子把我们砍下来，岂不会把我们的子孙压死？为了救我们的子孙，我们情愿让你们一枝枝地砍，一块块地挖。只要能救得我们的子孙，救得你们的性命，我们纵然一死，也心甘情愿啊！"

木匠们感动极了，三棵神树竟然这样有情，这样仗义，我们又怎么忍心砍得下去呢？他们"噗通噗通"全都跪倒在三裸古树下，放声大哭，说"神树呀！你既有情，我们又怎能无义？我们宁愿掉脑袋，也不能干这种断子绝孙的事呀！"

一百个木匠，全都放下了手中的锯子、斧子，坐在古树下干等着，谁也不忍心伤古树的一块皮，只求一死。

消息传到行宫，神宗大惊。呀！这三棵古树竟如此仗义，木匠们也都有仁义肝胆，着实可敬。当即收回砍树的圣命，嘉奖了这些木匠，并下了一道禁令：庐山黄龙寺前三棵古树乃宝树，任何人不准砍伐，违者处以极刑。

后人在参观三宝树时，禁不住含笑说道："三宝树千年不倒，一直保留至今，还得给那一百个木匠和神宗皇帝记上一笔功劳哩。"

（供稿：庐山园林林业局林检站）

# 柳杉王

【古树名称】景宁柳杉

【基本情况】树种：柳杉 *Cryptomeria fortunei*（杉科柳杉属）；树龄1500多年；树高28米（原高50余米，后被雷击截断）；
　　　　　　胸径4.47米；冠幅15米×17米。

【生存现状】古树原高50多米，后因遭遇雷击，主干被削去大半截，现有28米高。柳杉王根部有一个形似门户的洞，树
　　　　　　洞空间奇大，人可自由进出。目前古树生存状况良好，主要有柳杉毛虫为害。

【保健措施】建立围栏防止人为伤害；树身用钢筋水泥柱固定支撑；加强病虫害监测，利用生物农药制剂对柳杉毛虫进
　　　　　　行防治，或利用其生物习性开展物理防治；喷施或滴注营养液增强树势。

景宁柳杉，位于浙江省丽水市景宁畲族自治县大漈乡西岸底村时思
寺门前东侧斜坡上

在浙江省丽水市景宁畲族自治县大漈乡西岸底村时思寺门前东侧斜坡上，有一株树龄1500多年的古柳杉，它是世界上目前为止发现的最大、最古老的柳杉树，被誉为"柳杉王"。

当地村民们把它视为神灵，便在树下设了香炉，常有人到此烧香磕头，祈求保佑安康。传说，远古时期大漈是一片连绵不绝的高山湿地，四面环山，风光秀丽，景色怡人，湿地里还住了一个神通广大的山神。北宋庆历八年（1045），大漈梅氏祖先梅奉因带领村民搬迁，经过大漈时，发现了这个犹如世外桃源的仙境，决定在此定居。梅奉因带领村民挖渠排水，还就地取材盖房子，过上了安居乐业的生活。但好景不长，出游归来的山神发现人类居住在此，动了大怒，要惩罚这些无辜的村民。此时，一位白胡子老神仙赶来说明缘由。原来老神仙在云游途中，见这群百姓彼此间互助友爱、齐心协力、父慈子孝，便有心指点他们到这个风水宝地定居。并告诉山神，从今以后要在此守护村民平安。第二天，村民发现村尾多了一株高大的柳杉。这株柳杉正是山神所化，守护大漈平安的。

大漈梅氏家族在此安居后，慢慢发展壮大，还流传了一个感人至深的家族故事。南宋初年，一个只有六岁的孩子，在柳杉树下为其祖父守墓，他就是历史上著名的孝童梅元屃。六岁守墓的事迹传到京城，感动了当时的皇帝宋高宗赵构，他不仅封梅元屃为"孝童"，还把他守墓的庐室赐名为"时思院"，意为"时时思念祖辈"。从此以后，"孝乃为人之本"，成为梅氏家训。柳杉王也成为梅氏家族孝道文化的见证者，受到族人敬重。明朝年间，时思院更名为时思寺，梅氏祖先又在柳杉王的旁边，建起了梅氏祠堂。他们认为此地

风水好，参天大树，栋梁之材。便在旁边修建祠堂，希望以树育人，教育子孙做社会的栋梁。到清朝科举制度废除之前，大漈共出了9位进士，23位举人。

"读书识礼""孝乃为人之本"，这样的祖训在大漈梅氏家族世代传承，一寺、一祠、一树的景观，也构成了当地一道独特的文化风景。特别是这棵柳杉王，因为见证了村落的发展史，见证了梅氏家族的繁衍史，而被当地百姓奉若神明。柳杉王与梅氏家族的故事，包含着万物有灵的信仰，更包含了人与自然和谐共生的智慧。

一千多年间，从柳杉王身上掉落下来的种子落地生根，加上当地人特地栽植的树苗，大大小小的柳杉围绕着柳杉王茁壮成长，现在它们已经枝繁叶茂，构成了一个繁盛的柳杉家族。

（撰文：周丽玲；摄影：李桥）

# 千年核桃树王

【古树名称】和田核桃

【基本情况】树种：核桃 *Juglam regia*（胡桃科胡桃属）；树龄1300年；树高16.7米；胸径约2.2米；平均冠幅20.6米。

【生存现状】树主干已中空，形成一个上下连通的"仙人洞"，洞底可容4人站立，入口直径0.74米，出口直径0.55米，可容游客从洞底口进入。整体生长状况良好，长势旺盛。

【保健措施】合理修剪，施肥，浇水，提高树势。加强病虫害监测加强保护，避免人为破坏。

古核桃树王距和田市7公里，位于和田县巴格其镇境内的恰勒瓦西村。该树定植于公元7世纪，距今已有1300余年历史，堪称果树中的老寿星。历经千年沧桑，树王不仅是历史辉煌的佛教古国首都约特干唯一生存下来的活证，而且以其高大伟岸，枝繁叶茂，苍劲挺拔的雄姿展现于游人面前，给游客一种悠远、欢畅淋漓的美感。

有关这棵核桃树王有两个美丽的传说。

传说一：很久以前，卢氏发生了瘟疫。神医扁鹊带着弟子到玉皇山采药，灵芝、天麻、人参、金银花都采到了，唯独少了最主要的一味药——核桃。因为核桃去皮后极像人的大脑，它不仅温肺补肾，对哮喘、咳嗽、肾虚腰痛等病有明显的疗效，而且对人的脑神经系统有不可替代的滋补作用。到哪儿去找核桃呢？弟子子阳建议进瓮潭沟，向住在瓮潭沟瀑布上、瑶池旁边的西王母讨要。

扁鹊来到瓮潭沟口，被西王母的丫鬟杜鹃挡了驾。说七仙女们正在瓮潭瀑布戏水，请君少候片刻。又等了一会儿，杜鹃说，仙女们转到上边的瑶池去了，先生可以进来了。

瓮潭沟口小肚子大，因生得像瓮而得名。扁鹊进到沟里一看，两边山坡上尽是中草药：杜仲、辛黄、山茱萸、连翘、梭椤、八月炸……就连溪水里游来荡去的甲鱼、大鲵等，用于救死扶伤也都是上好的补品。扁鹊走到瀑布跟前，只见几十米高的瀑布像长空白练，从半空中咆哮而下，在高耸的崖壁间发出嗡嗡的回声。扁鹊正在为瓮潭瀑布的壮丽景观惊叹不已时，杜鹃送来了核桃种子，并且告诉他：这一个核桃救不了多少人，不如把它种在沟口，经王母娘娘点化，马上长成大树，就能结出许多核桃。扁鹊走到沟口，按杜鹃的说法把核桃埋进土里，眨眼间，面前便长起一棵大树，并且结了无数的核桃。扁鹊就用这棵树上的核桃作药引，救活了无数百姓，最终扑灭了瘟疫。

后来，世人不断地采种育苗，将核桃树栽种在房前屋后、沟旁渠边。从此核桃广为传种，年复一年向人们奉献着荫凉和硕果。

传说二：相传玄奘取经归唐途中，饥渴难耐而昏迷。醒来却发现，原来荒芜的戈壁上长满了果实累累的大树。一阵轻风吹过，果实纷纷坠地，从坚硬果壳中露出莹亮、润滑的果肉，玄奘取而食之，顿觉神清气爽，精力充沛，于是他便

和田核桃，位于新疆和田地区和田县巴格其镇恰勒瓦西村

摘取许多果子置于行囊中，途中每日取食一枚。行至于阗，将仅存的三枚果子赠予热情好客的于阗人，勤劳朴实的于阗人把神果作为种子，经过数代培育长成如今高大参天的核桃树，该树王就是其中一棵。

古核桃树王叶肥果盛，所产核桃以个大、皮薄、果仁饱满而著称，果实不但具有健身益肾、滋肝润肺、清肠健脾，而且还有养颜、补脑增智、延年益寿之功效。传说明代时期，中原有对夫妇不但相貌奇丑无比，而且年过半百不育。忽一日，梦银发童颜老人说："大漠西域有一神树，食其果便得子。"梦醒后，即携夫人跋涉三年终于觅得此树。食其果后，妇颜丽娇，数月得子，后其子金榜题名，高中状元。"状元树"也因此得名。树王历经千年沧桑，吸天地之精华，生天地之灵气，被当地百姓视为"神树""寿星树"，每年当地群众都要拜谒老树一两次，默默祈祷，愿自己与老树王一样长寿。好像神树真的显灵，当地百姓中高寿老人数量相当多，仅该村200余老人中，80岁以上的老人就有八九十人。

树王不但赋予当地百姓福星，而且为丝绸古道客商及来往官员带来幸运。传闻1877年清朝大将军左宗棠西征时路过此地，见此树，立马观望、惊叹："此树乃天下众树之魁矣！"并乘马绕树三周，归京之途其顺无比，回朝后深受朝廷重用。

至今，国内外游人路经和田，必观此树，以求幸运。

（撰文：买买托哈提·吐孙；摄影：阿依奴尔·艾肯）

# 紫薇王的传说

【古树名称】宣城紫薇

【基本情况】树种：紫薇 *Lagerstroemia subcostata*（千屈菜科紫薇属）；树龄1000年；树高37米；胸径3.9米；平均冠幅15米。

【生存现状】树体健壮，少有病虫危害。

【保健措施】修建防护栏，防止参观人员进入保护圈，减少人为干扰。

宣城紫薇，位于安徽省宣州区溪口镇四和村长涝组

在安徽省宣城市溪口镇四和村的深山密林中，有一株罕见的南紫薇树，当地人称它为"紫薇王"。

这株"紫薇王"紧靠山崖。这个地方地势险峻，人迹罕至。宣城市林业局专家曾经实地测量，"紫薇王"树高37米，胸围3.9米，需四人合抱才能饶树干一圈。在树干的1.5米高处，形成了挺拔直立的四个分支，圆满通直，挺拔向上，而在25米以上，又合并成庞大的树冠，冠幅达15米。"紫薇王"根部蜿蜒曲折，紧撑于地，犹如瀑布，表皮温润如玉，蔚为壮观。由于紫薇树生长极为缓慢，据估测，此树已有千年以上树龄，实属罕见。2010年，宣城市林业局评选它为"宣城市十佳古树名木"，已经列为宣城市重要古树名木实施重点保护。

这颗古老的紫薇树有个美丽的传说。传说古时候，当地有一种叫"年"的怪兽，头长角尖，凶猛异常。年兽每天夜里都来吞食牲畜伤害人命，村里的人们苦恼不已，只好逃往深山，以躲避年兽的伤害。这天，乡亲们象往常一样忙着收拾东西准备逃往深山，这时候村里来了一个年轻女子，女子对一老婆婆说只要让她在婆婆家住一晚，定能将"年"兽制服。众人不信，老婆婆劝她还是上山躲避的好。但女子坚持留下，众人见劝她不住，便纷纷上山躲避去了。

第二天，村里人下山后发现村子安然无恙，和走之前相比没有变化。大家很是惊奇，四下找寻年轻女子。年轻女子告诉大家，年兽已被她关在深山里，每年只能出来一次。人们听说后又欢喜又担忧，欢喜的是年兽被制服，担忧的是年兽每年还是要出来一次。于是大家把担忧告诉了女子，女子告诉大家三件法宝：红色、爆竹和火，有了这三件法宝，年兽就不会出来作怪了。同时为了监管年兽，年轻女子化作紫薇树，守卫在关年兽的深山崖边。这时大家才恍然大悟，原来年轻女子是上天派来的紫微仙子，下凡来帮助众

人解难的。有了神灵庇佑，自此村里人过上了安宁和平的日子。

这棵紫薇树原有五个分枝，说的是解放初期，有户人家因为家贫上山砍下了一个分枝，准备回家烧制成炭，谁知回到家后就无缘无故地病了，请了郎中诊治也没有查明原因。晚上，他做了一个梦，梦见一年轻女子，告诉他这是棵庇佑百姓的灵树，是不能砍伐的。第二天，他告诉家人这个梦后，随家人一起到紫薇树下忏悔，答应要为全村百姓做好事弥补犯下的错误，随后他的病也无药痊愈了。这个消息传遍了整个村子，家家户户都去朝拜。

现在，依然能看到被砍分枝的残留部分，它静静地提醒着人们，同时也庇佑着人们。　　　　（撰文、摄影：王林）

# 严田 "香樟" 的由来

【古树名称】婺源香樟

【基本情况】树种：樟树 *Cinnamomum camphora*（樟科樟属）；树龄1500年；树高27米；胸径4.11米；平均冠幅38米。

【生存现状】树叶绿色，目测无明显枯叶、焦黄叶；树枝正常，无枯枝、死枝；主干正常，有腐斑、树洞；冠形饱满，无缺损；无严重的病虫害，总体上生长状况良好，长势旺盛。

【保健措施】定期开展监测，观察是否有病虫危害，做好记录，发现病虫情，及时上报；加固各枝桠；保证树木生长养分和地面透水透气；合理控制人为干预，减少人为活动对古树的影响或伤害。

婺源香樟，位于江西省上饶市婺源县赋春镇严田村

江西省婺源县西北部有一个严田村。该村是李姓最早由外迁入婺源的居住地，始迁者为李德鸾。光绪年间的《婺源县志·寓贤》中"李德鸾"条记载："李德鸾，字匡禄。才气过人。其先世京，本大唐裔，因黄巢乱避地歙之黄墩，由黄墩迁于浮梁之界田，至德鸾始寓婺源严田。因李氏"占得从田之签"，且"以严治家"，故名"严田"。严田村水口生长着一棵举世罕见，被村民拜为树神的千年古樟王。

传说南宋初年，高宗（赵构）被金兵追赶到严田，情急之中，他爬上这株枝叶繁茂的樟树，躲过了一劫，使宋朝历史又延续了150多年。事情是这样的：一天夜里，小康王赵构（后为宋高宗）被进犯中原的金兵追赶，跑在乡间小路上，情势所逼，看见溪水边这棵大樟树，就连忙爬上去躲进树叶里。金兵追到樟树下不见人影，便四处搜寻。赵构吓得暗暗祷告："树神啊，请救我脱离劫难，日后若登上皇位，定把你重重加封。"说也奇怪，霎时风声大作，飞沙走石，把金兵吹得睁不开眼，连忙跑了。赵构脱险后忙问救自己的是什么树，耳边隐隐若若听见一个声音回答："是樟树。"在慌忙中小康王听成了"香树"。在临安登基后，一时找不到这棵樟树，就遥封为四季长青大香树。从此，天下樟树都有沁人的清香。这棵被封的大樟树也有了灵气，被当地人作为神樟供奉。

如今，这棵樟树历经千年沧桑，树下十人手拉手都合抱不住。樟树从主干上生长出不同年代的六个大枝桠，越溪过界，浓荫铺天盖地，堪称天下第一樟。

（撰文：俞明坤；摄影：程云华）

# 花开三色兆年景

【古树名称】谷城柯楠树

【基本情况】树种：柯楠 *Meliosma beaniana*（青风藤科泡花树属）；树龄1800年；树高40米；胸径3.1米；冠幅25米×25米。

【生存现状】古树沟水源充足，一年四季流水不断，树叶绿色，目测无明显枯叶、焦黄叶；树枝正常，无枯枝、死枝；主干正常，冠形饱满，无缺损；无严重的病虫害。总体上生长状况良好，长势旺盛。

【保健措施】定期开展监测，观察是否有病虫危害，做好记录，发现病虫情，及时上报并防治；保护和恢复该古树的自然生态环境；定期处理枝干腐烂、树洞等；采取浇水、施肥，保证树木生长养分和地面透水透气；控制周边区域除草剂使用量；合理控制人为干预，减少人为活动对古树的影响或伤害。

谷城柯楠树，位于湖北省谷城县赵湾乡青龙山村古树沟

襄阳市谷城县赵湾乡位于南（南漳）、保（保康）、谷（谷城）三县交界地带。在该乡青龙山村一个狭小山坳里，生长着一棵硕大的古柯楠树，此树虽经1800多年的沧桑，至今仍然枝繁叶茂，气势宏伟，引来不少古树专家前去考察、好奇的游客前去观光。

柯楠树所在的山，名叫青龙山。顾名思义，一定与龙有关。青龙山有个黑龙洞，离青龙山顶约7公里，从羊圈河步行上去大约要走3个小时。黑龙洞洞口在一座峭壁上，一股细水从洞口流出，四季不干。峭壁上长满羊胡子草和落叶灌木。除了人们求雨的时候要爬到洞口以外，平时很少有人冒险攀缘至此。

据说，这个山洞里藏有一条长约12丈的大龙，因常年不见阳光，通体黑色，故为黑龙。黑龙洞由此得名。

这条黑龙不是个好惹的主儿。它仗着自己会呼风唤雨，欺负当地农民，不给它好处就不下雨。方圆几十里的庄稼人，没有一个敢得罪它，遇到庄稼需要迎墒之前，还得冒着生命危险攀爬陡峭的石壁给它上供。

有一年，黑龙在农民刚把苞谷种下地的关键时刻闹起了脾气，一滴雨都不肯下。眼见着这一旱就是40多天，地里的庄稼都干得冒了烟，可黑龙仍是无动于衷，坐等庄稼人给它上供。

农民们心疼庄稼，只得东一家西一家地凑齐了猪头、供香馍，去给黑龙敬供。收到好处后，黑龙虽然下了雨，可苞谷已错过了生长季节，农民们仍然颗粒无收。这件事很快被反应到黑龙上司那里去了，上司对黑龙进行了严惩，贬了黑龙的职。黑龙被贬职后，地盘交由心善的青龙管理。为了不让老百姓再受伤害，青龙改变了管理模式：变坐等为巡视，按照庄稼的需要布雨。为了让视野更开阔一些，青龙选择了一种长得快、长得高、分枝多的柯楠树，栽到了现在的古树沟。柯楠树长大以后，青龙将它的手下逐一安排到树上去瞭望执勤。看到哪一方需要下雨，就及时向青龙汇报，青龙就向那个方向布雨。从此，柯楠树所在的村庄就风调雨顺，青龙也深受百姓拥戴。

70多岁的胡明高老人，从小就住在柯楠树的不远处。他说，柯楠树开出的花能预示年景好坏。这仍然要从青龙说起。

转眼几百年过去了，青龙也老了，已经不能再行布雨职责。但百姓生死不能不管啊。于是，在雷公爷爷的配合下，青龙将柯楠树开了一个洞，让值班的小龙住树洞，并时刻向青龙秉报风雨情况。为了让老青龙及时知晓风雨年景，值班小龙想出了一条妙计：让柯楠树开不同颜色的花，来向青龙预报年景。庄稼人也通过这个方法，预测来年的风雨。就这样，每到春季到来时，庄稼人把树上的花一看，就能根据花势、花色、花开的方向来确定下种多少。既减少了种子的浪费，也便于安排农事。直到现在，这棵古柯楠树仍然能开出三种颜色的花。满树开花时为黄色，东半树开花时为白色，南半树开花时为紫色。当地百姓至今仍然深信，此树开花能预报年景，满树开花时为丰年，半树开花为平年，不开花时年景欠佳。

柯楠树树干上有一个碗口大的洞，一块石头包在其中。胡明高老人说，传说这就是当年小龙值班时住的树洞。祖上先人讲道，这个洞几百年前开始出现，初时为一道树缝，后越长越宽。最大时，洞内可以盘坐数人。后来，大树返老还童，生长加快，树洞又渐渐变小，一块石头就被包裹在了树干中，成为一道"树包石"的奇景。

如今，会开三色花，又有"树包石"奇景的柯楠树已成为当地旅游的重要去处。赵湾乡政府于2009年出台了《关于加强对柯南树保护的实施细则》，把保护柯楠古树上升为"条约"，进一步明确职责，确定保护人，誓让古树永葆活力，更好地呵护一方百姓。

（撰文：龚贤福、赵青；摄影：龚贤福）

# 槠树村的"守护神"

【古树名称】绩溪苦槠

【基本情况】树种：槠树 *Castanopsis sclerophylla*（壳斗科栲属）；树龄1000年；树高16米；胸径1.5米；平均冠幅20米。

【生存现状】树体健壮。

【保健措施】古树周边禁批建住房和附属物；注意小孩玩耍用火和上坟烧纸引发火灾；修建防护栏，防止人员进入保护圈。

在风光秀丽的皖南绩溪县境内，沿登源河而上至高溪口桥，再逆其左向的缘溪河前行两公里，便进入了"徽州第一风水村"——湖村。人们称其太极湖村，因为缘溪河呈"S"型穿村而过，与河北村落、河南田畔形成天然的"太极"地貌奇观。

史上有一首诗是这样描述太极湖村的："曲径通幽处，豁然一农庄。华盖村边树，素居马头墙。圳源唐宋水，雕自明清匠。七姑千年守，古风犹自传。""狮象把门""日月当关""龟蛇担水"的三道神奇水口真乃造物天成，保住了太极湖村的灵气和财气，使其成为人才两旺、富甲一方的大

绩溪苦槠，位于安徽省绩溪县湖村

村。因为人才和财富，村中"武举巷""问源巷"，巷巷深邃莫测；砖雕、石雕、木雕，雕雕神出鬼没；文官、武将、商人，代代人才辈出。其保存完好的古徽派建筑技术，高超的雕刻门楼和屋宇景观，神秘的"秋千抬阁"地域文化，凝聚了太极湖村千百年来的精气神，而成为如今的安徽省历史文化重点保护区。

溯求太极湖村的历史渊源，竟然关系到一棵树，它就是我们今天介绍并要求重点保护的这棵树——苦槠树。

传说南宋时期，龙川胡氏二十五世祖枢密使胡元龙，择日与赣州风水大师赖文俊一同沿登源河而上踏青，寻找风水宝地，看见这里两溪交汇，山岗如蛇蜿蜒，岗上长满了槠树，郁郁葱葱，远处的七姑山似一尊佛像，仰天而卧，面容俊美，半个身子探出山外，宛如桃源仙境，惊叹不已，认定这里是一处不可多得的风水宝地。胡元龙去世后，家人遵其遗愿，将他安葬在山岗的中下部。

有句俗话，叫生在杭州，玩在扬州，葬在徽州。说的就是徽州人非常讲究坟墓的风水。赖文俊专为之扦点的坟墓座向为"壬山丙向加子午。"要知道，在此150年后，忽必烈入主中原，建立"元大都"就是采用的这个座向作为都城的中轴线，现在的故宫历经四朝仍然是北京城的中轴线。从"风水"角度讲，"壬山丙向加子午"中轴线是一条帝王的宝座线，后人将胡元龙的墓叫做"帝王坟"。胡元龙在此安葬后，

胡氏家族派族仆守墓于此，取名槠树下，至今已有800多年历史。后章姓外孙来村承顶门户。到清代章氏族盛，人口超过胡氏，章、胡两姓为村名争议而妥协取名"湖村"。

"帝王坟"原址苦槠布满山岗，后来因为村庄扩建，树林退缩，仅留下墓顶的两棵，保护完好。这两棵苦槠犹如龙角。元朝末年，军师刘伯温随朱元璋到太极湖村，看到太极湖村地理和这座宋墓大吃一惊，这可是一个孕育天子的风水宝地。为了保住明朝江山，刘伯温施法斩了半条龙脉，让一棵槠树被雷劈毁，另一棵被劈了一半，伤痕累累，活了下来。

苦槠树在此后的800多年中，历经风雨，受到村民们良好的崇尚和保护，而长成现如今16米高、4.6米胸径，冠幅面积400余平方米的参天古树，实乃奇迹。离古树不远的缘溪河畔，更有古树林立，"杨"籽（子）班列，"枫"（封）住财源，"椿"记家乡，"枫"正做人。有些树有意倒伏河面，以增强财源锁钥功能，有些树有意两株同穴，那是告诫出门经商的村人，无论外面生意成败，家里的妻子都一如既往支持他，理解他。苦槠树与这些水口林交相辉映，真乃湖村古树奇观。

苦槠树，记载着湖村的历史渊源！
苦槠树，是太极湖村的守护神！

（撰文、摄影：高志红）

# 铁杆杉与明妃娘娘

【古树名称】丹江口铁杆杉

【基本情况】树种：油杉 *Keteleeria davidiana*（松科油杉属）；树龄600余年；树高38米；胸径1.42米；平均冠幅11米。

【生存现状】树叶呈墨绿色，有新芽萌出。目测无明显枯叶、焦黄叶；树枝正常，无枯枝、死枝；主干正常，冠形饱满，无缺损；无严重的病虫害，总体上生长状况良好，长势旺盛。

【保健措施】定期开展监测，观察是否有病虫危害，做好记录，发现病虫情，及时上报；处理枝干腐烂、树洞等；采取浇水、施肥、叶面喷水等，保证树木生长养分和地面透水透气；控制周边区域除草剂使用量；合理控制人为干预，减少人为活动对古树的影响或伤害。

丹江口铁杆杉，位于湖北省十堰市丹江口市官山镇杉树湾村1组下院

相传，明朝建文皇帝落难，随同出逃的一位妃子与众人走散，孤身一人流落到了武当山南麓官山镇杉树湾村的下院。可怜貌若天仙的娘娘，纤纤小脚，经长途跋涉，被磨得无皮见骨、血肉模糊，再也走不动了，加之又渴又累，"扑通"一声摔倒在地……

不知过了多长时间，娘娘慢慢睁开双眼，强烈的求生欲望支撑着她强打精神，慢慢向一条小溪爬去。好容易爬到小溪的一处水潭边上，眼瞅着指尖离潭水只有半寸，但任凭怎样使劲，却就是够不到潭水，不由伤心落泪，泪水如珠般滴落潭里，并发出清晰的叮咚声，水潭从此取名响水潭。

有人发现晕死过去的娘娘，急忙招呼乡亲们赶来救治，一阵忙活过后，娘娘再一次慢慢醒来，望着众乡亲，先谢过救命之恩，然后抬手指着下院的拜殿说道："哀家已经油尽灯枯，命不久矣，希望乡亲们念在建文皇帝免租免税的情分上，将哀家安葬在下院的大路边上，若是有香客到下院的拜殿上香，也顺便给哀家燃上一柱，好叫哀家死后能得到建文帝的消息，在阴间有所依靠。"言毕便香消玉殒了。众人将痴情的娘娘安葬在了下院边的大路旁。

经年累月，娘娘坟慢慢变大。大家觉得奇怪，议论纷纷。附近一位员外听说以后，跑来一看，知道娘娘埋在了地气上，加之常年接受香客的祭拜，故此坟会变大。为了独占这风脉地气，把自己百年后的老娘葬在这里，好让子孙永享富贵，员外借口山是他家的山，地是他家的地，硬是要把这娘娘坟刨掉。众乡邻畏惧员外有钱有势，不敢声张，不敢反对，任他胡作非为。

当迁娘娘墓的第一镢挖下去时，随着一声巨响，墓内

冒出一股白烟，白烟升处站立着一位美貌仙女，很像当年的娘娘。只听她说："我原本王母娘娘的座下玉女，被贬下凡，历经磨难，多亏乡邻照顾，在此修炼成仙，现正是升仙的时辰，为感谢乡邻关心，特送一件小小的礼物，希望能造福乡邻。"言毕一扬手，一棵铁坚杉苗瞬间飞落坟头。铁坚杉苗迎风就长，开枝散叶，不一刻就长成了一棵参天大树，而且结满了果子。一阵清风刮过，仙女不见了踪迹。几天后，方圆几十里山坡都长满了铁坚杉。从此，杉树湾的环境变得优美了，天干不显旱，阴雨不显涝，一年四季五谷丰登。

再说员外。自从娘娘扔下杉树苗那天起，员外每次洗手净面时，水盆中总会出现一棵杉树，杉树在水影中晃，仿佛要晃出盆来，晃得他压根不敢再往盆里伸手，天天如此，六神不安。没办法，来到下院拜殿找老道长求解。老道长宽慰道："员外，那棵大杉树可是娘娘的化身，你扯上一丈二尺红布挂到杉树上，若娘娘接受你的供奉，你就可以转危为安了。"员外立即照办，脸盆里果然再不见杉树影子。员外挂红布一事传开，老百姓都知道这棵树是神树，从此再也没人敢动这棵树的一根小树枝。如今杉树湾的大杉树与响水潭已经成了武当山南神道上的一道独特风景。

（撰文：张修猛、阳金华；摄影：张修猛）

# 长枣之乡的故事

---

【古树名称】灵武长枣

【基本情况】树种：枣树 *Ziziphus jujube*（鼠李科枣属）；群生；树龄200年以上；最大一株树高17米；胸径0.26米；平均冠幅12米。

【生存现状】树叶绿色，目测无枯叶、焦黄叶；树枝正常，无枯枝、死枝；主干正常，冠形饱满，无缺损；无严重的病虫害，偶有小蠹虫，但尚不构成危害。总体上生长状况良好，长势旺盛。

【保健措施】清除树上病虫干枝、病虫僵果、粗翘树皮和病皮，扫除地面枯枝落叶与杂草等，集中烧毁；对于树体极度衰弱，濒临绝产的老龄枣树更新主干落头，主枝短截和枯弱枝疏除要一次性完成，以促隐芽发新枝，形成新的健壮树体；修剪后的剪锯口用蜡或漆涂好，保留水分。

---

　　灵武素有"水果之乡"的美誉，种植果树已有1500多年历史。从唐朝开始，灵武长枣就被列为皇室贡品，被誉为"果中珍品"。灵武长枣树被定为灵武市树。2006年，灵武市被国家林业局命名为"中国灵武长枣之乡"，从2006年开始，灵武市每年举办一届"长枣节"。

　　千百年来，枣乡人与枣树结下了不解之缘，人养树、树养人，人树合一、息息相关。枣农不仅创造了悠久的长枣栽培历史，还流传着许多与枣有关的民间故事，形成了丰富灿烂的枣文化。

　　枣与王母娘娘的传说。据说枣为天界的仙果，王母娘娘派金童玉女持两颗仙枣到人间犒劳治水有功的禹王。金童玉女经不起诱惑，半路上偷吃了仙枣。王母盛怒之下把他们变成两颗枣核打下凡间，金童变成了长枣，玉女变成了短枣。那时枣虽香甜可口，但成熟后却不是红色。有一天，王母

灵武长枣，位于宁夏回族自治区灵武市东塔镇枣博园

娘娘下凡到人间，在灵州地界无意闻到一股枣香。她寻味来到一片枣林，摘枣时不慎被枣刺扎破手指，血滴到枣上。此后，枣子变成了红色。因王母娘娘血系仙精所生，所以红枣有治病、保健和驻颜长寿的功效。

"枣"与"子"的故事。秦始皇修长城修到了灵州一带，城内外的男人全都被抓去，大部分死在了外边。灵州城内许多女人不能生养了。有一年长枣成熟的季节，几个女人在村前一棵长枣树下相遇，互相诉说起心事来。忽然一阵狂风刮过，树上掉下来许多长红枣，她们捡起来伤心地吃了几颗。不久，这些女人有了身孕，并于第二年生下了小孩，娃娃个个长得眉清目秀，脸上白中透红，十分招人喜爱。大人们就给男孩起名枣娃、枣福，女孩起名枣翠、枣花等。从此以后，女人们都喜欢吃枣、敬枣，谁家娶儿媳妇还在被褥里撒枣，以示早得贵子的吉祥心愿。

"枣"生贵子。很久以前，灵州城外方圆数十里都是黄沙弥漫，荒无人烟。有一年春天，不知从何地迁来一对老夫妇，他们带来一捆枣树苗，早出晚归地栽枣树。数年后，沙岗成为一片枣林，年年风调雨顺，家家生活安定。老夫妇独生儿子结婚时，乡亲们纷纷送礼祝贺，有人送来一只枣木箱子。晚上，新娘催促新郎打开木箱，只见里面装着新鲜的长枣和花生。新郎和新娘正吃花生和红枣，就听到墙外有人齐喊："早生贵子！"第二年，小媳妇果然生了一对白胖小子。从此后，凡是结婚的新房内，必放红枣和花生，寓意早生贵子。

（撰文：李志强、孙耀武；摄影：李志强）

# 五谷"神树"

【基本情况】树种：榔树 *Ulmus parvifolia*（榆科榆属）；树龄3600余年；树高22米；胸径1.87米；平均冠幅12米。

【生存现状】树叶绿色，目测无明显枯叶、焦黄叶；树枝正常，无枯枝、死枝；主干正常；无严重的病虫害。总体上生长状况良好，长势旺盛。

【保健措施】定期开展监测，观察是否有病虫危害，做好记录，发现病虫情，及时上报；合理控制人为干预，减少人为活动对古树的影响或伤害。

湖北房县境内有一棵榔榆古树，这棵古树有3600多年的树龄，主干粗壮，分枝发达，树叶浓密，是全国最古老的一株榔榆树。

据当地村民介绍，这棵古树十分神奇，它可以预测天气晴阴、年成好坏、灾荒大小。当古树枝叶茂盛时，风调雨顺，五谷丰登；如果枝叶枯萎，必有大旱；若树干潮湿，定要下雨。更为神奇的是，这棵古树的枝叶分东西南北四个方向，哪个方向的枝叶茂盛，那个方向的庄稼就长得好，大家都说这是一棵"五谷神树"。

"五谷神树"来自一个动听的民间传说。远古时期，房州（今房县）是一块富饶的高山盆地，炎帝神农在这里尝百草、种五谷。那时的水稻、小麦、高粱、一株多穗，产量很高。因此，家家户户粮满仓、猪满圈，祖祖辈辈生活十分富裕。日子久了，好日子过够了，有些人开始变懒了，他们用细米白面喂猪，用大馒头当凳子，用摊饼当手纸。消息传到天庭，玉帝很是生气，派王母娘娘下界微服私访，打探虚实。

一天，王母娘娘扮成乞丐，拿着破碗，走村串户，讨米要饭，走遍了房州的许多山乡，所到之处，均见细米铺路，白面入厕。玉帝得知真情，立命四海龙王调九条龙到房州布云降雨。倾盆暴雨下了七七四十九天，房州大地，一片汪洋，老百姓纷纷向山顶逃去。

房州北乡有一个地方叫大木厂，这里森林茂密、土地肥沃、人户集中。一个姓石的大户人家，养了一条看家护院的黄狗，起名石龙。这条狗既通人性、又很有灵性，九龙布云时，它已预感到大难将要临头，天下五谷将会绝种。于是在下雨前，黄狗先跳进泥浆里，后钻进五谷粮仓中，将全身粘满五谷良种，向东方跑去。这时，滔天洪水，汹涌而至，淹没了山庄、土地，石龙在洪水中前行，仅有尾巴露出水面。

石龙在洪水里游了一天，游到柳树垭时，发现一棵榔榆树，树上有一网状枝桠，就在树枝桠上停下来。洪水退后，逃难的百姓返回家园，重新整理土地。石龙将尾巴上的五谷

房县榔榆，位于湖北省房县五谷庙四组

良种播进田里。从此，五谷又获新生，但一株只长一个像狗尾巴的穗子。人们为了纪念石龙和老榔榆树，在榔榆树附近的山岩上，凿洞修建了一座五谷庙，当地的地名改为五谷庙，古树也改为五谷神树。

五谷神树拯救百姓出了名，树脚下成了风水宝地。老百姓在这里盖起了庄园。每年谷雨时节都要到五谷庙烧高香，为神树挂红幔，企盼有个好年成。

（撰文：赵青、邓学基；摄影：邓学基）

# 古榆树由来

【古树名称】哈尔滨榆树

**【基本情况】** 树种：榆树 *Ulmus pumila*（榆科榆属）；树龄310年；树高38米；胸径1.55米；平均冠幅28米。

**【生存现状】** 主干通直，冠形丰满均衡，冠幅宽大，枝叶茂密，无枯死侧枝及干枯细枝。主干树皮完好无损。

**【保健措施】** 已在树基周围建隔离栏保护；密切监测干部和食叶害虫，并及时除治。

相传，今天林木茂密的平房地界原是荒草稀疏、乱石杂陈的瓦砾场。一场残酷的部落厮杀在这里结束后，更是一片肃穆沉寂，毫无生气。善良的农家姑娘榆儿来到这里寻找战争中死去的未婚夫，可是千呼万唤之后，心上人儿却再也不能回答她。善良的姑娘决心将这块充满血腥的土地变成生机盎然的沃土。

于是，成年累月，姑娘不停地劳作，播种着她从家乡带来的两样种子。

她的泪水洒过的地方，长出了"青鸟不传云外信，丁香空结雨中愁"的丁香，当淡紫的丁香花儿怒放的时候，姑娘的哀愁和忧伤便随风远飘。

她的汗水灌溉过的地方，长出了挺拔的榆树，春末夏初，这些树上的"榆钱儿"变成了金黄色，大风刮来，树上的金色"榆钱儿"纷纷落下来，化作幽冥世界的纸钱，送给姑娘的夫君，寄托着无限的哀思。

有一天观音菩萨经过此地，被姑娘的真情打动，她手中的拂尘轻轻一挥，大地上立即风调雨顺，百花争艳，芳草滴翠。从此平房这块土地上丁香、家榆新枝吐绿，繁华碧草相映成画。把全部的爱情和生命都给了这块土地的美丽姑娘化身为树，被菩萨点化成"家榆仙子"。世世代代的人们纪念姑娘，直到今天，还经常有人来此树下焚香祈福。

（撰文、摄影：张响乐）

哈尔滨榆树，位于黑龙江省哈尔滨市平房区市政综合楼后的居民楼庭院之中

# 第七篇　景观和谐

形由地势势随形，立根何处皆风景。

不只药食助民生，更为新资当引擎。

该篇讲述的有百姓故事，也有神话故事，都是反映人们向往美好生活的主题。编者侧重的是古树与环境相互适应，构成的景致完美独特，在其生长所在地不仅是一种文化，而且能服务百姓、造福百姓，契合当今社会的和谐发展理念。

# 天下银杏第一树

【古树名称】浮来山银杏

【基本情况】树种：银杏 *Ginkgo biloba*（银杏科银杏属）；树龄3700余年；树高26.7米；胸径5米；冠幅26米×34米。

【生存现状】整株树叶呈绿色，目测无明显枯叶、焦黄叶；树枝正常，无枯枝、死枝；主干正常，偶有腐斑、树洞；冠形饱满，无缺损；无严重的病虫害，偶有茶黄蓟马，但尚不构成危害。总体上生长状况良好，长势旺盛。

【保健措施】定期开展监测，观察是否有病虫危害，发现病虫情及时上报。必要时施药喷杀茶黄蓟马；处理枝干腐烂、树洞等；采取浇水、施肥、控制授粉结果、疏果、叶面喷水等，保证树木生长养分和地面透水透气；控制周边区域除草剂使用量；合理控制旅游人流量，减少人为活动对古树的影响或伤害。

浮来山银杏，位于山东省莒县浮来山风景区定林内

在山东省最古老的寺院之一——莒县浮来山风景区定林寺内，有一株参天古树，遮荫覆盖面积900多平方米，远看形如山丘，龙盘虎踞，气势磅礴，冠似华盖，繁荫数亩。盛夏时节每天需要"喝"2吨左右的水，它就是具有"活化石"之称的"天下银杏第一树"。

《左传》记载："（鲁）隐公八年（公元前715年）九月辛卯，公及莒人盟于浮来。"会盟距今已有2700多年，专家推断在会盟的时候，这棵银杏树已经是相当大的了，差不多有1000多年。由此推断，此树树龄应该近4000年。同时，立于树前的石碑上镌刻着清朝顺治甲午年（公元1654年）七律一首："大树龙盘会鲁侯，烟云如盖笼浮丘，形分瓣瓣莲花座，质比层层螺髻头，史载皇王已廿代，人经仙释几多流，看来今古皆成幻，独子长生伴客游。"从这首七律和"十亩荫森更生寒，秦松汉柏莫论年"来推断，这棵树的树龄应该在3000年以上。古老的银杏树从春秋至今倍受推崇：《十万个为什么》讲到了它；印度尼西亚的刊物对其进行了描述，并刊登了照片；1982年联合国教科文组织向全世界播放了它的录相。巍巍银杏树，可谓身历古今，名誉中外。"天下第一"实至名归。

几千年来，这棵古老的银杏树，历经风风雨雨，保持着顽强的生命力。阳春开花，金秋献实，枝繁叶茂，生机盎然，年复一年，生生不息。说到结果，这棵树王的果实和一般的银杏树结的果明显不同，别的树结的银杏果呈纺锤状，大而长，而这棵树的果子又小又圆，味道也特别可口。近几年还出现了一种奇观，就是在树的主干上，也常见生叶结果。据说，这种果子叫长寿果，吃了它可以长生不老。另外，在这株大树的枝桠根部，长出的30个形似钟乳石状的树瘤，轻轻叩击，里面似乎是空的，发出"咚咚"的声响。据说人们摸了这些树瘤，便会有好运降临，而且能长寿。所以到此树下的人都会情不自禁地去抚摸它。距地面最近的一个树瘤已经被人们抚摸得油光光的了。据说日本帝国主义侵华时，曾偷伐去一个树瘤，剖开

树瘤，花纹纷纭自然，像山水云烟，似牛羊猪马，看什么像什么，犹如"印象派"绘画作品，堪称一绝。树瘤又名树橑（气生根），民间流传的一句谚语：白果树底下扔石头——打橑，就由此而来。据说上了一千年以上的树才生长树橑，五百年长一个，所以根据树橑的多少也可以推断出此树的大致树龄。

关于这棵银杏树还有许多趣谈。传说在很早以前，有一位小生，喜好游山玩水，来到莒县的时候，听当地人讲，浮来山有一棵银杏树有八搂这么粗，觉得挺好奇的，就想亲自来搂搂试试。于是他来到了定林寺银杏树前，以银杏树一个大树洞为记号，从树洞的右侧开始搂起来，一搂、两搂、三搂、……当搂完第七搂再搂第八搂的时候，恰好当时天下起了雨，有一位上山进香的小媳妇躲到树洞中避雨。在当时封建社会讲究男女授受不亲，小生无法搂第八搂了，但他很聪明，灵机一动，就用手拃了起来，一拃、两拃、三拃、……又拃了八拃，再拃就拃到小媳妇了，但当时雨没有停，那小媳妇也没有离去的意思，只好作罢。这时候，旁边看热闹的人打趣地问："你怎么不量了，忙活了半天，又搂又拃的，这树到底有多粗？"小生灵机一动，不慌不忙地回答说，这棵树有"七搂八拃一媳妇"这么粗（小生把小媳妇也当成了一个计量单位）。另外，还有"大八搂，小八搂"之说，就是说个子高的人搂这棵树需要八搂，个子矮的人也搂八搂，因为这棵树的主干特点是上边粗下边细，越往上树干越粗。

1995年春天，风传"浮来山古银杏树发声"，沸沸扬扬，一时成为人们谈论的话题。境内外的许多好奇者，为探幽猎奇，接踵而至星夜厮守，亲睹为快。银杏树发声的时间多在春季晴天的晚上，夜阑人静之时，似有人紧闭双唇从鼻腔内发出的声音。史料上说，清光绪元年，莒州奉正大夫张竹溪所题浮丘八观"咏银杏树"一诗即有"老干夜阑闻魈语"的句子。由此可知，古老的银杏树，夜深人静之时发出奇异声响，已是久有所闻。其实，发出奇异声响的原因是：高大的树干内，部分腐朽了的木质部形成许多孔洞。在光合作用下，树冠抽芽发叶，需要大量水分，树干内的无数导管、筛管担负着液体输导任务，发出声响，这种声响经腐木孔洞，引起共鸣。当地民间有谚："古树发声，太平年丰。"每当银杏树发声，必是太平丰年无疑。据说围着这棵古老而又神奇的银杏树左转三圈右转三圈能够事事顺利增福增寿呢。

银杏树是我国古老的树种，它浑身是宝，更是一棵神奇的医疗之树。两亿五千多年前侏罗纪，恐龙掌控地球时，银杏已经是最繁盛的植物之一。地球生命历经上亿年的演替，尤其是第四世纪冰川覆盖之后，只有银杏仍保持着它最原始的面貌，在生物演化史上被称为"活化石"。

山不在高有树则清雅，树不在久有山则灵秀。清雅灵秀的浮来山，绝世独立的银杏树，正张开赤诚的双臂，广纳各地宾朋。

（撰文、摄影：安佰国）

# 隆冬密云赏"神柏"

【古树名称】九搂十八杈古柏

【基本情况】树种：侧柏 *Platycladus orientalis*（柏科侧柏属）；树龄3000余年；树高25米；胸径约3米；冠幅19米×21米。

【生存现状】十八个枝杈中已有7个大枝杈枯死，总体长势偏弱，主干空洞，无严重的病虫害。

【保健措施】设置了围栏，生长环境较好；改良了土壤，安装了通气孔；对主干进行了清腐、杀菌、消毒、填充；为古树安装了避雷装置，确保免受雷击危害；及时浇水、加强病虫监测。

密云新城子的"九搂十八杈古柏"。

"岁寒，然后知松柏之后凋也。"隆冬时节，万物凋零，所有的花朵都褪去了华丽的外衣，唯有松柏依然不惧严寒，枝叶葱翠。在密云县密云水库东北的古城堡新城子，其北门外公路的西山坡上，巍然屹立着一棵巨大的古柏，这就是传说中的"九搂十八杈古柏"。

"九搂十八杈古柏"是密云县的重点文物，距今已经1300多年，和我国著名的陕西黄陵县黄帝陵的"轩辕手植柏"、山西太原晋祠的"周柏"、河南嵩山嵩阳书院的"大将军柏""二将军柏"等齐年。此柏树高25米，干周长7.8米，它的粗干要好几个人伸臂合围才能抱拢，粗大的树干上，18个一搂多粗的枝杈，像同时钻出树身一样，几乎一般粗细、一般长短，伸向四面八方，犹如一把擎天巨伞，能遮盖300多平方米的地面，因此得名"九搂十八杈古柏"。

古柏不但枝叶繁茂，而且根系也很发达，有三条大主根，一条从安达木河底下穿过，古柏的根受着河水的营养；一条扎到新城子村里，还有一条则伸到山下的泉水里。所以古柏虽历尽沧桑，如今却仍苍翠青葱，生机盎然。

据当地的老人讲，在明初修建长城和新城子城堡时，"九搂十八杈古柏"就已经是粗大的巨树了。从明初到现在又是600多年了，可见此柏的古老。"九搂十八杈古柏"处原是唐代的"关帝庙"遗址，此柏乃是庙内之物，当地人们出于对关帝的敬仰和对古柏的爱护，又称此柏为"护寺柏"，寓意神柏守护着关帝庙。后因年代久远，日月沧桑，古庙已无存，而古柏却历经千年成为历史见证。又因此柏的树冠极大，遮荫面积很广，来往行人和客商大多在树冠的浓荫下歇凉，故又叫此柏为"天棚柏"。因此"九搂十八杈古柏"在方圆几百里的名气很大。当地人们还有几句顺口溜，是这样唱的："大柏树长在要路口，南来北往树下走。柏树遮荫，万人乘凉"。

九搂十八杈古柏，位于北京市密云县新城子镇新城子村关帝庙遗址前

关于这棵古柏，在当地还有一段传说。相传在明嘉靖年间，有两个从南方来的识宝人，看到古柏的粗干中藏有宝，他们俩就住在城里的一个小店里。夜里，他们俩偷偷来到古柏下，在十八杈的中心取出两根木棒。他们回店后就把这两根木棒放到炕席下，正巧让店家看见。在早晨生火时，店家顺手把木棒放到灶里。谁知这两根木棒一着火，立刻变成两只金龙飞走了。识宝人一看宝没了，就和店家吵了起来。正当他们争吵时，忽然就听外面人们大喊："大柏树着火了！"人们都跑去救火。有的用铁锨扬土埋，有的泼水浇，不一会儿把火扑灭了。这个传说虽离奇，但说明"九搂十八杈古柏"是宝树，当地人都很看重和爱护它。新城子镇的人们世代都视古柏为"神柏"，是镇中的"吉祥之树"。在古柏的枝干上，挂满了写有祈祷祝福词语的各色布条，乡民们希望神柏保佑生活吉祥平安。

（撰文、摄影：黄三祥）

# 望人松——泰山顶上一青松

【古树名称】望人松

**【基本情况】**树种：油松 *Pinus tabulaeformis*（松科松属）；树龄500余年；树高7.4米；胸径0.78米；冠幅14米×17米。

**【生存现状】**整体生长良好，有个别小枝失绿。

**【保健措施】**在树冠投影外不影响景观的外围地带设立围栏，防止游客照相时攀爬踩踏树体树根。在古树画面的另一面吊拉钢索，防止因大风、暴雨、暴雪导致古树倾倒、折断。用自然石随坡就势砌树穴护根、填埋松针腐殖土复壮、洒施复壮营养液。安装高清摄像头，24小时全天候监控。

望人松是泰山的标志性景观之一，位于泰山中天门盘道旁，1987年被联合国教科文组织列入世界自然遗产名录。望人松的树龄已达500余年，树高7.4米，胸径78厘米，冠幅覆盖500多平方米，青翠浓郁，繁枝蔽空，有虎踞龙盘之象。

望人松斜出一长8米左右的孤枝，似向中外游客招手致意，仿佛是热情的使者，伸着长臂，邀请八方的游客；又仿佛是好客的主人，面对进山的游客，伸着长臂，殷切地去握手致意，故名望人松。

望人松婀娜的风姿，常常令人留连沉吟，心驰神往。多情的人，更是为她所激动、所陶醉，心动神移；有的人还欣然命笔，题诗作画。

传说，古时的泰山上住着一对年轻夫妇，他们日出而作，日入而息，耕种于山间，居住在窝棚，生活清苦，但相亲相爱。

望人松，位于泰山中天门五松亭北登山盘道旁

有一天，一位花匠因采挖泰山的萱草花而失足跌落山崖。夫妻二人发现后，悉心照料，花匠的伤势很快就好了。花匠十分感激他们，就留下一包花种，说把它们撒在山间，泰山将会四野飘香，更加美丽。他们照做了。第二年，泰山果然百花盛开，万紫千红，小夫妻喜悦异常。又一次，大雨滂沱，一位石匠来茅屋避雨，夫妻二人薄酒野菜招待。山洪冲走了山间的泥土，露出了石光梁。天晴后，石匠开石劈路，数日间，便凿出千万级石阶，上通南天门，下达泰安城，使这对生活在山里的年轻人，眼界大开。一天，丈夫对妻子说要出去学本事，并劝慰说："你不必伤感，我多则三年，少则一载，就会回来。"

丈夫走后，妻子含辛茹苦，辛勤劳作，一年过去了，两年过去了，第三年的年末，少妇显得憔悴衰老了，暮冬天气，她每每站在屋前的山崖上，久久地伫立着，深情地注视着，在进山的盘道上寻找着丈夫的身影。有时，她仿佛看见了，于是，伸手指着，默默自语："是他！大步奔上山来。"她盼望着，期待着，伸着长长的手臂指点着……她忘记了漫天大雪带来的寒冷，不分昼夜地在那里站着、望着、指点着，洁白的雪花终于淹没了她。

冬去春来，冰雪消融，那位痴情的女子站立的地方，长出了一棵袅袅婷婷、伸着一枝长枝的青松。

人们不知这松树的来历，见她站立在那里，像是翘首遥

望，又像是举手招呼着进山的游客，便把她取名为"望人松"。

油松树干或挺拔苍劲，如英雄铁骨般，坚贞不屈、庄严雄伟；或枝干盘曲，如虎踞龙盘。树冠青翠浓郁，繁枝蔽空，姿态愈老愈奇，迎风枝斜展婆娑，呈卷云状，常象征老当益壮。唐代大诗人李白登泰山时曾感慨："长松入霄汉，远望不盈尺。"用对比方法极好地诠释了泰山之高大。《沙家浜》著名唱词"要学那泰山顶上一青松"，赞颂了泰山青松不屈不挠的精神。

（撰文、摄影：申卫星）

# 紫薇王的传说

【古树名称】印江紫薇

【基本情况】树种：紫薇 Lagerstroemia excelsac（千屈菜科紫薇属）；树龄1380年；树高34米；胸径1.9米；平均冠幅18米。

【生存现状】树主干已中空，树势较弱，树枝部分枯萎，落叶早，多年来很少开花。究其原因，树体内病源多，蚂蚁多；银杏大蚕蛾、叶甲、跳甲等食叶害虫为害严重；树下培土过高；树上四季均挂毛线红布，多时达150条以上，挂满7米以下树枝，严重遮挡阳光，引诱大量病虫。

【保健措施】清理树上枯枝，用硫酸铜加生石灰进行补伤填洞，外表涂上与树干同色的油漆；进行有害生物防治，即每年树体抽梢前喷洒波尔多液，在适当时期开展对银杏大蚕蛾、蚧壳虫、叶甲等有害生物防治；土壤改良，促进树势，即采用多层施肥扶壮措施，以树体为中心环形施和结合四周培土分层施45%硫酸钾复合肥，并于春季环状沟施尿素；明确专人看管，远置焚香炉，不准在树上乱刻乱划。

印江紫薇，位于贵州省印江自治县永义乡场头

紫薇王地处印江土家族苗族自治县东南部近35公里的永义乡集镇上，是梵净山西线旅游必经之地。当地人把这棵"紫薇王"奉为"神树"，每逢节假日，就有不少人前来祭拜。

在当地土家族人的习俗中，这棵"紫薇王"被敬称为"干爹"。这个风俗起源于一个流传百年的故事：很久以前，土司王子的小儿子到山里游玩，回来后皮肤过敏了，经常发高烧，土司请当地有名的医师来医，都没有效果，这可急坏了王子。土司王子托人四处找寻妙方，后来听人说梵净山下有一棵"神树"，拜祭后用树皮可以治病。抱着试试看的态度，王子给小儿子喝了树皮煎的水，结果几天后小孩的病果然好了。后来土司王子就请族里面所有的人，到这个地方来拜祭这棵"神树"。从此以后，当地村民的小孩生病了，以及考取功名都来拜祭这棵"神树"。

对树木拜祭的习俗展现的是中国先民们渴望繁衍，渴望强大的生存意识。不过，这棵"紫薇王"神奇的治病功效，却是真实存在的。《本草纲目》《中华本草》里面都有记载，紫薇的花、果、叶、根和树皮都能入药，主要功效为清热、利湿、止血、止痛、止痢。当地农村老乡也用它来做药，哪家小孩拉肚子，就用树皮熬水喝，还有牙痛，也用根来熬水喝。紫薇的树皮药用价值非常大。

紫薇树每年6月开花，花期长达5个多月，是地球上花期最长的植物之一。自古很多文人墨客，也对紫薇花宠爱有加，宋代诗人杨万里就曾写下了："谁道花无白日红，紫

薇长放半年花"，以此来夸紫薇。普通的紫薇树年年开花，开的花只一种颜色，要么是粉红色的，要么是白色的。可是这棵紫薇王却不太一样，它平均三年开一次花，因为树体大，储蓄的能量多，它开一次花几种颜色都有，首先是白花，然后逐渐变成黄色花，最后变成粉红色的，非常好看。

　　"紫薇王"历经千年，依然生机勃勃，跟它的根系发达有很大关系。它最长的一处根已经延伸到300多米以外，紧紧地和梵净山联系在了一起。如今古老的"紫薇王"以它的神奇，吸引着无数游人，成为梵净山一道独特的风景。

（撰文：袁贤超；摄影：夏昌新）

# 查济大梓树

---

【古树名称】查济梓树

【基本情况】树种：梓树 *Catalpa ovate*（紫葳科梓属）；树龄550年；树高17.8米；胸径3.58米；平均冠幅12.3米。

【生存现状】衰退、遭受过雷击、部分枝干有枯枝、冠幅不完整。

【保健措施】改良土壤，设置围栏和设置标牌，进行树体修补和树枝支撑。定期开展病虫害防治，设置避雷设施和越冬架保护，设置专人管护。

在安徽黄山、九华山、太平湖三地交界处，有一处千年神秘古村—查济。隐匿在宣城市泾县西南的查济古村，沿三溪汇聚，始建于隋初，融山水自然、人文古迹、乡土民俗于一体，是现存皖南最大的古村落群、古建筑群。

深藏于深山幽谷的查济古村，早已随着有缘人的纷至沓来逐渐为外人所熟识，而目睹查济一年四季风采变幻、见证了古村历史兴衰的大梓树，却像这幅水墨画的一块璞玉，未露光泽，"养在深闺人不识"。

查济梓树，位于安徽省泾县桃花潭镇查济村麻元组

大梓树根植于查济村的祝官山南麓，树高十余米，树干挺拔粗壮，敦敦实实，没有一点弯曲，需数人才能合围。树的上端如同硕大的手掌缓缓张开，擎天的树顶插入湛蓝的天空，似把锋利的长剑，直击苍穹。树叶翠绿浓密，厚厚叠叠。

作为一株人文古树，它见证一个村子的历史变迁，记载了一个"上错花轿嫁对郎"的动人故事。

南朝《续齐谐记》记述，京城田氏兄弟分家，欲将一株紫荆树截为三段。待截树时，发现树已枯萎，落花满地，长兄不禁长叹："人不如木也"。从此兄弟三人不再分家，和睦相处，紫荆树也随之获得生机，花繁叶茂。后来人们用紫荆花比拟亲情，比拟兄弟敦睦。

明嘉靖年间，时任广西兵备副使的理学家查铎，因推崇儒家仁爱学说，对紫荆树赞赏有加，听说当地有紫荆树，不远万里带回查济栽种，希冀查氏一族团结和睦，奋发有为。只是阴差阳错，受当地人误传，错将大梓树当成田家紫荆树。自此，大梓树在查济延续生命，与查济结下不解之缘。

因为梓树是生长在北方的树种，在明朝交通不发达的状况将树种引到江南这个山村栽种，经过了近五百年的风霜洗礼，并能枝繁叶茂长成参天大树，实属不易，经历了几次雷

击，依然苍拔有力地矗立在村中，这充分说明古树生命的顽强和人们对它的保护从未间断。

这就是苍劲的大梓树，用五百年的刚毅果敢，镇定驻守在这个宁静致远的村庄，始终保持着那亘古不变的静穆，过往多少感慨与欢笑，成功亦或遗憾，都已随着岁月物化成了那一圈又一圈的年轮。（撰文：张安蒙；摄影：吴军、张安蒙）

# 南方红豆杉王

【古树名称】南方红豆杉

【基本情况】树种：红豆杉 *Taxus chinensis*（红豆杉科红豆杉属）；树龄1580多年；树高37.8米；胸径2.36米；平均冠幅17.7米。

【生存现状】具有较强的萌芽能力，树干上多见萌芽小枝，枝叶繁盛，无枯枝、无病虫害，总体生长较为旺盛。

【保健措施】加强宣传教育，提高群众保护意识，防止森林火灾发生，防止不法分子盗砍红豆杉、盗剥树皮；开展病虫害监测，适当追施肥料，促进树木健康。

南方红豆杉，位于福建省龙栖山国家级自然保护区田角村

该树千百年来，听林涛，观雪景，赏山花，和鸟鸣，沐浴世间最纯净的阳光雨露，得尽了天地日月精华，自然修成了一副好心性，便是千百年间所有的风雨雷电对它也丝毫未损。尽管都1500多岁了，但依然生机勃勃，充满活力。人们只要看到这棵古树，就会产生一种敬畏。盘膝坐在红豆杉树下，调整呼吸，悠然吐呐，顷觉胸中清气充沛，俗念全无。耳听林涛鸟语，目观绿树丛林，更觉天高地阔。太阳的万丈光芒反射于身边的绝壁上，将浮云变成了万朵彩霞。渐渐的，树体上开始飘出鸟鸣，长出苍苔，芳香之息氤氲全身。

传说田角有一财主，雇佣了很多长工。财主吝啬、爱打小算盘，对待家中的长工，视为牛马，挖空心思、千方百计地让他们少吃、少喝、少休息，却尽量让他们早起、晚睡、多干活。其中有位柴夫，心地善良，任劳任怨，并没有跟财主多计较。一天柴夫在山上砍柴，看到天上有一奇鸟嘴里叼一粒种子，正好掉到他面前，柴夫认为是珍宝，认真保存，直到来年春天把它种下。后来这粒种子生根发芽，越长越大，就是现在的红豆杉。有一年田角的百姓都得了一场病，柴夫也不例外，他觉得难受，在红豆杉树下刚入睡，便梦见树上有一仙女，手拿一些红果飘然送入柴夫嘴里，他顿感身体舒服，病情好转。这时仙女已远去，他赶紧喊："再给我一些红果，还有很多人需要呢！"，仙女说："那树上多得是"。醒来的柴夫就摘了很多果子给山下得病的人吃，结果人们的病都好了。

南方红豆杉全身是宝，集药用、材用、观赏于一体，具有极高的开发利用价值，因此又被称为"黄金树"。从树皮和枝叶中提取的紫杉醇是世界上公认的抗癌药。枝叶还可用

于治疗白血病、肾炎、糖尿病以及多囊性肾病。种子含油量较高，是驱蛔、消积食的珍稀药材。南方红豆杉材质坚硬，有"千枞万杉，当不得红榧一枝桠"之称。边材黄白色，心材赤红，纹理致密，形象美观，不翘不裂，耐腐力强。可供建筑、高级家具、室内装修、工艺雕刻、车辆、铅笔杆等用。南方红豆杉树形优美，枝叶浓郁，种子成熟时果实满枝逗人喜爱，可作为园林绿化观赏植物。

（撰文：庄晨辉；摄影：黄海、庄晨辉）

# 茅镬"参天金松"

【古树名称】宁波金钱松

【基本情况】树种：金钱松 *Pseudolarix amabilis*（松科金钱松属）；100多株群生，平均树龄400年以上，其中最大一株树高38米；胸径4.2米；平均冠幅9米。

【生存现状】古树群落分布于海拔400米的四明山区，生态环境优越，古树群落树势旺盛。其中代表性的千年金钱松树形笔直，树干粗壮，冠形饱满，古树生长状况良好，无病虫危害和人为破坏。

【保健措施】全面搬迁村落，树立保护标志，形成无人为干扰的古树群落保护区；采用多种监测方法，进行病虫害实时监控，发现实情及时采取科学的防治措施；使用打孔器对松树进行树干注射，加强营养，增长树势，减少病虫害；定期清理林中灌杂木，降低火险隐患，加强森林防火宣传，增强防范意识；落实专职护林员，签订管护责任状。

茅镬古树群落位于鄞州区章水镇，毗邻周公宅水库。在这个小小的村庄，生长着100多棵古树。目前，被宁波市林业部门确认列入古树保护范围的有96棵，平均树龄400年以上。这中间包括金钱松27棵，香榧树54棵，银杏树3棵，枫树4棵。其中，树龄近千年的金钱松被列为宁波市"十大古树名木"。

这棵千年金钱松被专家誉为"参天金松"，树形笔直，树干粗壮，至少要三四个人才能合抱，仅一棵树的木材蓄积量就达到29.7立方米，称之为"参天"一点不为过。近年来，曾有不少国内林业专家慕名前来考察，得出的结论

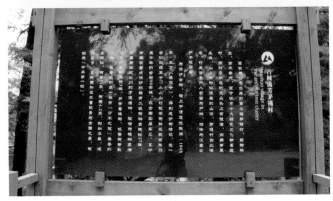

宁波金钱松，位于浙江省宁波市鄞州区章水镇茅镬村

是，这棵金钱松在同种树木中的单株蓄积量在全国是数一数二的。

　　关于这棵千年古树，当地流传着这么一个故事。相传400多年前，一户严姓家族迁至茅镬村居住，当时这里已经有20多棵上百年的古树。到了乾隆15年，即1750年，村里有一位叫严子良的族人，因家境贫寒，想将村旁的大树砍掉卖钱。村里其他族人意识到保护树木的重要性，就出钱买下古树的所有权。这样一来，这棵古树就平安地生存了99年。后来，又有人想砍树换钱，这时又有两位爱护古树的族人出钱

买下古树。针对可能再次发生的族人砍树卖钱事件，买树的人在树旁立下了禁砍碑，禁砍碑的落款是道光年间（即1849年），而这个故事的内容也被记录在了"禁砍碑"里。

　　当地村民从族谱里看到"禁砍碑"的故事后，四处寻找，终于在一个不起眼的角落找到了这块石碑。因此，村里的老人们就告诫后代，老祖宗定下规矩，古树不可轻易砍伐。正是在古人的保护和后人对先辈遗训的遵守下，才有了茅镬村如今的参天金松。

　　　　　　　（撰文：郁振潮、刘艳玲；摄影：沈功木、刘艳玲）

# 白云禅寺镇寺之宝——铁锅槐

【古树名称】民权铁锅槐

**【基本情况】**树种：槐树 *Sophora japonica*（豆科槐属）；树龄300余年；树高13.6米；胸径0.9米；平均冠幅12.3米。

**【生存现状】**曾遭受病虫为害，树势较弱，枝叶稀疏，叶色浅绿并有黄化现象，枯死枝干明显增多。近几年来，经过复壮、病虫害防治等措施，树势有了明显的改变。现在已枝繁叶茂，郁郁葱葱，重新呈现开花结果美景。

**【保健措施】**定期开展监测，观察是否有病虫危害，做好记录，发现病虫情，及时上报除治；对枯死树枝进行清理，清除树洞内的朽木和虫屎后，涂撒5％的硫酸铜溶液或石硫合剂原液进行消毒。营养复壮：扩大树干周围裸土面积，施肥换土，挖复壮沟，改善根系生长环境条件；减少人为活动对古树的伤害。

民权铁锅槐，位于河南省民权县城西南20公里处的白云禅寺内

白云禅寺位于河南省民权县城西南20公里处的白云寺村，始建于唐贞观元年（公元627年），与嵩山少林寺、开封相国寺、洛阳白马寺并称中原四大名寺，距今已有一千四百余年的历史，清康熙年间曾达鼎盛。

寺院内有炸裂的铁锅一口，腹深1.5米，口径2.5米，锅腹深埋于土中，锅沿高出地面约30公分。锅内长有一株黑槐树。该树在这口破裂为几片的铁锅中盘根错节，铁锅碎片被包进树体，但至今铁锅不锈，槐树枝繁叶茂，老干斑驳，三大主枝形如虬龙，挺拔竞秀，树根与铁锅交织为一体，故名"铁锅槐"。据专家鉴定，"铁锅槐"（国槐）至今已有三百多年历史。

史料记载：清康熙二十六年（1687），白云禅寺授业大师佛定和尚为舍粥济贫，铸造铁锅两口、铜锅一口。铁锅熬粥，日供两锅，需米一石二斗（约250公斤）。铜锅煮茶，可供千人饮用。康熙四十五年（1706），铁锅炸裂一口，置院中，佛定和尚植花草于锅内。一日，喜鹊叼槐实坠落锅里，生一异常。佛定对众僧曰："喜鹊送子，铁锅育秀，梵刹吉兆也！"

另有一种传说是康熙皇帝和行兴大和尚共同栽植的，源于康熙帝曾三次亲临白云禅寺寻父。第一次在白云禅寺错过与父见面机会而后悔，第三次到白云禅寺是在顺治圆寂之后，康熙帝在白云禅寺吊祭父王后，欲在此地做个纪念以表心意。既要有所表示但又不能声张，这就颇费思量。但康熙帝是何等聪明之人，见院子里有一废弃的破裂大铁锅，于是便令行兴大和尚在铁锅内植入槐树，寓意"举国（锅）怀

（槐）念"。树干上曾长过绿色鸟、莲花瓣、娃娃面等奇物，更给"铁锅槐"增添了几分神秘色彩。

"铁锅槐"文化内涵极为丰富。《旧唐书·吴凑传》《说文解字》《山海经·中山经·中次五经》《周礼·秋官·朝士》《文献通考》《春秋纬·说题辞》《太公金匮》等史书记载，槐树首先是"阴树"，是追怀先人之符号；其次，槐树是"神树"，是俗界仙境过往之中介；第三，槐树是"官树"，有位高权重之寓意；第四，槐树是"祖树"，是祖先牌位之标识；第五，槐树是"瑞树"，是吉祥幸福之象征。"国槐"还因寓意"怀念家国"而备受海外游子青睐，成为民族凝聚力的象征。

几百年来，这棵古老的槐树，历经风风雨雨，几经兴衰，仍保持着顽强的生命力。特别是近几年，通过保护、复壮、病虫害防治，逐步恢复生机，目前已枝繁叶茂，生机盎然。

（撰文、摄影：柳朝忠、张红艳）

# 门型古榕

【古树名称】闽侯榕树

【基本情况】树种：榕树 *Ficus microcarpa*（桑科榕属）；树龄2000年以上；树高24.45米；胸径4.73米；平均冠幅45.6米。

【生存现状】该树树枝开展，树叶浓密繁盛；偶见腐烂的大枝，但不影响树冠饱满度，无病虫危害，长势极为旺盛。

【保健措施】加强对榕树的管理，定期开展监测，观察病虫为害情况，发现实情及时防治；强化宣传保护，防止群众在树头周围开垦种植，保持生长环境的稳定性；禁止对树体的剪枝移植，以免影响观赏性和整体长势。

榕树是福建省"省树"、福州市"市树"，以树形奇特，枝叶繁茂，树冠巨大而著称。宋朝福州太守张伯玉为防旱涝，编户植榕，呈现"绿荫满城，暑不张盖"的景象，故福州又称"榕城"。

这株位于闽侯县青口镇东台村下社自然村的大榕树，2013年当选为福建省新科"榕树王"。它屹立在半山腰，树

闽侯榕树，位于福州市闽侯县青口镇东台村下社自然村

形十分奇特优美：一是树干古朴苍老，主干约需12名成年人手拉手才能围住。二是树枝上筑有鸟巢，并寄生多种植物，常见小鸟在枝叶间嬉戏。三是树枝横跨形成天然拱门，树主干在离地约1.5米处分叉为两大枝，向两边横向生长，其中一枝往山坡上延伸并扎了根，这根子根需要4名成年人才能合抱，并与母根形成一个跨度14.6米的天然拱门；另一枝则跨过山下的小溪，在对面的尖峰山扎了根，可惜后来因一场山洪被折断。

为了确保榕树健康生长，当地省、市、县累计投入23万元建设"福建榕树王公园"，对其进行保护。"榕树王"周边的杂物已经被清理干净，靠溪的一侧护坡也进行了加固处理。同时，榕树前的地面也进行了平整改造，除了种植草皮以及一些绿化苗木外，还铺设了人行步道。为了更好地保护榕树，村民们还在公园的周边安装了防护网。

如今，整个榕树王公园占地面积共2132平方米，各项保护工程已基本完工。这株藏在深山始露容，历经千年风雨、天然造化的"门型古榕"，正成为榕城福州新的绿色地标，吸引众多游客慕名前来观光。（撰文：庄晨辉；摄影：黄海）

# "中华金桂王"甲冠天下

【古树名称】太安金桂

【基本情况】树种：桂花 Osmanthus fragrans（木犀科木犀属）；树龄1300年；树高20米；胸径1.44米；平均冠幅20米。

【生存现状】主干在大约1米高处分为四支主权，每支主权又分为数支分权，枝连枝，权分权，枝繁叶茂，枝权共生。
树冠郁郁葱葱，遮天蔽日。总体上生长状况良好，无严重的病虫害发生。

【保健措施】利用黑光灯诱杀害虫，监测种群密度；合理施用水及肥料，保持树木有良好的营养供给；加强保护，避免
人为破坏，定期整形，修剪。

太安金桂，位于重庆市万州区太安镇柏弯村3组

在蜿蜒连绵的凤凰山中脉，傲然屹立着一棵古朴遒劲的桂花树，这是迄今为止我国发现最高大、品种稀有的古金桂桂花树，堪称"中华金桂王"。树木古朴苍劲，相传已有千余年历史，清初差一点毁于"天火"，时人感其珍贵，碑刻"不朽精灵"颂之。

"中华金桂王"风景独好。这棵桂花树在大约一米高处分为四支主桠，每支主桠又分为数支分桠，枝连枝，桠分桠，枝繁叶茂，枝桠共生。站在桂花树前极目远眺，阡陌纵横，淡淡的暮霭在纵横的千沟万壑之中漫动，袅袅的炊烟从零星的村落中冉冉升起，恰似一幅水墨画，美轮美奂。面朝依山开垦形成的千层梯田，纵坡延绵，其势壮观。置身其间，远离尘嚣，天高地阔，宇宙无穷，令人心旷神怡，感生命珍重。把酒叩天，万物生灵，何有宠辱，真可谓物我空灵矣。这天赐罕物，最易使人任思绪汩汩流淌。

古赋云："太安有神木，卓然立高岗。亭亭展华盖，苍苍披翠裳……"平淡的日子里，村民们在大树下春日放歌，夏夜纳凉，古树前许下美好心愿，润泽一方乡亲。桂花树为乡村生活增添了些许色彩，不仅带给村民们无尽的快活和乐趣，而且给村民们创造了无尽的价值，见证了悠久的生态文化，让来来去去的游人记住了乡愁。

有诗云："中华金桂王，太安花溢香；菁英成秀木，盛世传吉祥。"金桂，谐音金贵，寓意富贵吉祥，是老人们常说的吉祥树、发财树。每年金桂花开，当地都要举办庆祝活动，与桂花相关的歌声流淌，朗诵的诗赋响彻云霄，"嫦娥仙子"举长竿摇落桂花，让香飘满身，大家畅饮金桂酒，感受着深厚的桂花文化，也有人争先恐后地往桂花树上挂祈福带，祈求带"金贵"还家。

金桂，谐音金贵，寓意富贵吉祥，是老人们常说的吉祥树、发财树。金桂王，胸径1.9米、树高21米、冠径16米，是中国最大的金桂树。该树古朴苍劲，相传已有千余年历史，清初险毁于"天火"，时人感其珍贵，碑刻"不朽精灵"颂之。

　　桂花树动人的故事也传颂至今。牟仲泰，元末柳州城（今湖北恩施）宣慰使牟茂独子。明洪武年间，仲泰初任朝廷都督佥事（正二品），时年二十余岁，可谓风华正茂，兢兢业业，深受景仰，加为正一品。后朱元璋杀戮功臣，牟仲泰高瞻远瞩，正当壮年却请辞，离开虎狼之地，慕名打听到九岭山（即今重庆市万州区太安镇凤凰山），欲前往落业。经过艰难跋涉，牟仲泰来到了凤凰山下，一个世外桃源般的世界呈现在了他的眼前——座座参差嵯峨的山峰连绵起伏，如一道道鬼斧神工的天然屏障迤逦排开，迷人的自然风光令人目不暇接。攀过吊索岩，一棵神奇的桂花树映入眼帘，古树千疮百孔，倚于岩石边，但却郁郁葱葱，顿时让他流连忘返，并命人打造了"不朽精灵"石碑颂之。牟仲泰就此隐居下来，享受田园，以大智大勇带来了昌盛富庶。其后世子孙达十六七万之众，其中历朝将军有百余人，遍及海内外，创造了凤凰山丰厚的农耕文化，开垦了单片面积2万余亩、全国最壮观的大石板"千层梯田"，培育了"大坡茶田"古茶园，其后人还留下了法隆寺、牟家寨、牟家院子等一批人文遗址作为见证。

　　曾经，金桂王演绎出一部田园史诗，如今，金桂王成为打造生态品牌的又一处独特资源。金桂王变得更加金贵，每天前来观光的游人络绎不绝，游人们站在金桂树下祈福、留影，感受古老又深厚的金桂文化。

　　　　　　　（撰文：龚元建、陈方明；摄影：彭隆焘）

# 长白山里的红松王

【古树名称】长白红松

【基本情况】树种：红松 *Pinus koraiensis*（松科松属）；树龄500余年；树高35.5米；胸径1.06米；平均冠幅19.5米。

【生存现状】周围建有木质围栏，1996年吉林省人民政府立"长白山红松王"石碑一座。树干挺直，长势良好。

【保健措施】及时监测，掌握有害生物动态，发现实情及时除治。

长白山是中国满族和朝鲜族的发祥地和圣山，是松花江、图们江、鸭绿江三条大河的源头。

长白山海拔在2500米以上，主峰白云峰是亚洲东北部的最高点。众多山峰构成一个巨大的锥形山体，环抱着长白山天池——中国最高最深的火山湖。湖水的下面，是一座暂时休眠的火山口。

距天池不远处，巍然挺立着一棵树高超过35米的红松，它被当地人称为"红松王"。红松王已经有500多岁了，周围的红松，都是它的后代。

史籍记载，长白山火山口分别于1597年、1668年和1702年三次喷发，而这棵"红松王"经五世三劫而不枯，枝干苍劲、盘根错节，一派王者风范。

关于长白山红松王还有一个委婉动人的神话传说。相传玉帝的三女儿下界游天池时，遇到了一位英俊勇敢的猎人，他们一见钟情私定终身便留在了人间。这件事惹恼了玉帝，玉帝大怒，派天兵天将捉拿三仙女。三仙女誓死不回天庭，与猎人双双逃入这片密林深处，寒冷、黑暗、灾难并没有使这对恋人动摇，他们用勤劳的双手共同创造生活，与鲜花为伴，与鸟儿为友，相亲相爱，快乐终其一生。后来，他们生活过的地方便长出了长白山红松王。许多来此游览的情侣都在此留下一对同心锁，希望爱情天长地久。

长白山是东北雨量最充沛的地方，年降水量可达1000多毫米，冬天，森林中的积雪能达到一米。然而，积雪并不能被树木直接吸收。在这样的环境中，红松进化出了神奇的保

长白红松，位于长白山北坡的露水河林业局辖区内

省级重点保护古树

长白山红松王

存体内水分的功能，秘密就在它那构造独特的针叶里。红松针叶的上表面，是坚硬不透水的革质层，它的呼吸孔，深藏在背面的凹槽里，能够最大限度地减少体内水分的蒸腾。

在500多年的生命中，红松王经受了无数风霜雨雪的考验，它坚韧的性格如长白山峰一样值得人们尊重和珍视。

（撰文：杨广生；摄影：艾海涛）

# 九寨沟独臂老人柏

【古树名称】九寨沟柏木

【基本情况】树种：柏树 *Cupressus funebris*（柏科圆柏属）；树龄1200年；树高22米；胸径1.2米；平均冠幅6.9米（只一面）。

【生存现状】无明显枯枝、枯叶、焦黄叶，未发现严重病虫害。总体生长状况良好，长势旺盛。

【保健措施】清除枯枝，浇水施肥；开展病虫监测，及时施药防治。

九寨沟柏木，位于四川省九寨沟景区则查洼沟长海北侧

九寨沟景区则查洼沟长海北侧有棵柏树，造型十分奇特，树一侧枝叶横生，另一侧秃如刀削，外形相貌酷似独臂老人，人称"独臂老人柏"，当地人称其为藏寨英雄"白马沃秀"的化身。

相传在很久以前，九寨沟被一个恶魔统治，百姓生活在水深火热中。后来，从深山里来了一位勇敢的老猎人，他独自与恶魔展开了殊死搏斗，经过一场恶战，恶魔被赶跑了，但勇敢的猎人也在战斗中失去了一条手臂。为阻止恶魔卷土重来，老人手持宝剑，日夜站在长海边，守卫着九寨沟，他死后就化身为这棵古柏。

独臂老人柏经过万千年的锤炼已被人们赋予了美好的人格魅力，亦为长海增添了几分神秘的色彩。

（撰文：王瑛；摄影：曹玉桃）

# 千年神灵木瓜树

【古树名称】铁山寺木瓜

**【基本情况】** 树种：木瓜 *Chaenomeles sinensis*（蔷薇科木瓜属）；树龄1000余年；树高10米；胸径3.14米；平均冠幅11米。

**【生存现状】** 该树从胸径往上分为两株，胸径往下至腰部被雷击中分开，树半边中空，树木抗性减弱。虽历经沧桑，仍枝繁叶茂、长势喜人，每年结果正常。无严重的病虫害。

**【保健措施】** 定期开展监测，观察是否有病虫危害，做好记录，发现病虫情，及时防治；采取松土、浇水、施肥、叶面喷水等管护措施，保证树木生长养分和地面透水透气；控制周边区域除草剂使用量；周围已用铁栅栏进行围圈保护，减少人为活动对古树的伤害。

在盱眙县铁山寺国家森林公园内，生长着一棵枯瘦沧桑的木瓜树。古树历尽千年风雨，曾遭受过雷劈，树从基部开始分叉，分叉处半边已中空，从胸径往上被分开，远看似两株。如今，枝干古朴苍劲，状若游龙，各自向外延伸又相互交错，撑出一片枝叶，远看似撑开的绿色大伞。虽过千年，但生长势头依然旺盛健壮，每年春季仍花满枝头，秋末挂果无数。

传说，这棵木瓜树是宋代大将军谢静吾私家花园遗留下来的，为谢将军亲手所栽。当年，谢静吾将军野心勃勃，一心想让谢家在朝中的权势如日中天，于是不惜一切代价，耗巨资选了一块风水宝地修建家寺，供奉自己祖宗的牌位，并取名"铁山寺"，有"铁打江山"之寓意，更包含威驾海内、并吞八方的野心。

当地百姓视该树为"神灵""珍宝"，常有信徒"焚香敬树"，特别是逢年过节，祈福者络绎不绝，祈祷一方风调雨顺，期盼古树能给自己带来富贵吉祥，保佑家人身体健康。据说，这棵树上的木瓜果子特别的香，每年霜降果子成熟后，老远便能闻到一股清香，有人摘回家放在衣橱里，衣服也会变得特别香，似身上洒了香水。木瓜果子不仅散发香气，还能治病。当地百姓有腿脚麻木不舒服的，也会想到它，将木瓜切成两半，放锅里煮熟后，拿来泡泡脚，有时比药物还灵。

古树名木是大自然留给人类的宝贵财富和自然遗产，是历史的见证和活的文物，是城市年轮和文明的载体。这棵木瓜树也曾树势衰弱，濒临死亡。为挽救古树，当地政府特邀

铁山寺木瓜，位于江苏省盱眙县铁山寺国家森林公园内

专家对古树进行"搭脉会诊"，拨付专项保护资金，通过设置保护围栏、开展病虫害防治、修剪枯枝树冠、表皮防腐处理、灌根复壮、设置统一保护标牌等保护措施，确保了古树"康复"成长。在大家的共同保护下，木瓜又吐露新芽，绽放新姿。

（撰文：成聪；摄影：彭干）

# 盘山银杏

【古树名称】盘山银杏

**【基本情况】** 树种：银杏 *Ginkgo biloba*（银杏科银杏属）；共两株（均为雌性），平均树龄750年；西侧一株树高33.5米，
胸径3.8米，平均冠幅11.5米；东侧一株树高31米，胸径3.7米，冠幅12.5米。

**【生存现状】** 树干挺拔、长势良好，正常孕育果实。

**【保健措施】** 1996年，人工清除了武定苑至盘山间影响气流的地面障碍，使树木传粉更加顺畅、繁育正常；加强管护，
合理施肥、浇水，保持树木有良好的营养供给；密切监测有害生物，及时发现并除治之。

盘山天成寺有两株雌性银杏树，身材修直，直插云天。每年四五月份，两树均开花，金秋便果实累累。因银杏是雌雄异株，单性难以繁殖，而这两株雌银杏却能繁殖七百多

年。对此当地园林部门于1996年展开调查，发现距盘山18公里的武定苑有株胸径2米、树龄1200多年的雄性银杏，枝繁叶茂，春天满树开花。跟踪了解发现，这里常吹东风，晴日

盘山银杏，位于天津市盘山天成寺

午后还产生较强的上旋气流，高达数百米，这株雄树的花粉即随气流上升到天空，顺东风飘至盘山山腰，正好落在天城寺的雌性树上，完成授粉、结子的繁殖过程。为了保护好这几株树，1996年，人工清除了武定苑至盘山间影响气流的地面障碍，使树木能正常孕育果实。

如今，每到四五月份银杏开花的时候，18公里外的武定苑雄性银杏树便借助温暖湿润的东风，把自己的种子传送给盘山天成寺的两棵雌性银杏树。天公造物，这种大自然的神奇，使天成寺的两棵姐妹树不声不响地孕育着果实。渐渐地，满树缀满白果，直到金秋十月，满树金黄，耀人眼目。游客光临，纷纷捡拾偶尔落下带着果蒂的银杏果，品味大自然馈赠的佳品，实为来此旅游的一大乐事。

（撰文、摄影：张颖）

# 南柯一梦古槐树

【古树名称】扬州国槐

【基本情况】树种：槐树 *Sophora japonica*（豆科槐属）；树龄1200余年；树高8米；胸径1米；平均冠幅6米。

【生存现状】树干基部枯空呈洞，韧皮部保留较好，与少量木质部一起支撑着整个大树生长。树冠长势较好，树枝正常，无枯枝、死枝，无严重的病虫害。总体生长状况良好。

【保健措施】定期开展病虫危害情况、生长状况监测工作，发现病虫害，采取喷药防治；休眠期修除病虫枝、枯死枝和腐朽枝，使其恢复和保持健康；建议采取扩大围栏范围以改善生境、开沟排水、覆土松土、增施肥料等措施保证树木生长养分和地面透气性。

扬州国槐，位于江苏省扬州市城区驼铃巷 10 号

在历史名城扬州，过文昌阁、四望亭，北行入驼铃巷，10号民居院内，有一株高大的槐树。这是一株在1200年前已被人们称作"大古槐"的中国槐。相传此树便是"南柯一梦"故事中的古槐树，槐古道院也因此得名。

唐朝李公佐所著《南柯太守传》载："淮南节度史门下小官淳于棼宅前有棵古槐，遮天蔽日，淳于棼常与朋友槐下酣饮。一日，他酒醉入梦，被大槐安国国王招为驸马，权势越来越大，享尽荣华富贵，最终引起大槐安国国王的疑惧，被遣而归。淳于棼有感于此，遂杜绝酒色，出家为道。"

文中对古槐的描述是"广陵郡东十里，所居宅南有大古槐一棵，枝干修密，清荫数亩……"所谓槐安国，实指古槐树下大蚁穴；淳于棼在槐安国所领南柯郡系指古槐树之南枝上附生的蚁穴。

赴古槐树现场考察，在驼铃巷10号孙姓民宅院中，玉石栏杆护围着老态龙钟的古槐树。其仅存北半树身，干空皮存，但树干残体老枝虬劲，新叶繁茂，活力犹存。残存的树体，依稀印证了李公佐当年描述的"清荫数亩，枝干修密"的历史面貌。在1200多年前，古槐树下有蚁穴，其南、西主枝已经被蝼蚁危害。继而在悠悠岁月中，盘虬苍老，表明这株古槐历经了多少风雨沧桑。尽管这株树龄超过1200年的老槐树已苍老垂危，但仍顽强生存在扬州古城，加上历史传奇名作的虚实证幻，确给古城扬州增添了浓厚的文化氛围。

扬州驼铃巷10号，唐以后曾称为"槐古道院"。往西百米，为唐开元十三年（公元725年）所建古刹西方寺，现改作扬州市博物馆和扬州八怪纪念馆，院内有古银杏一株。驼铃巷古槐树和古银杏是古城扬州活着的文物，它们历经了古

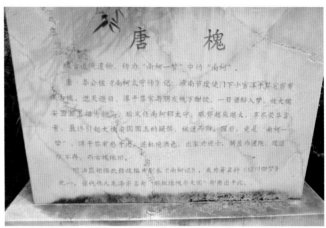

城的沉沦变化，记录了人类活动的历史以及自然界的风云变换。

　　南柯一梦古槐树，还反映了一种文化现象：就是古代的知识分子，观察到社会性昆虫蚂蚁的生活习性，蚂蚁不仅在地下营巢，也能上树活动，并危害槐树。因此借题发挥，抨击追逐利禄的时弊，抒发出把"贵极禄位，权倾国都"视作"蚁聚"的观点，而写下了千古流传的文学佳作。当年毛泽东诗词中"蚂蚁缘槐夸大国，蚍蜉撼树谈何易"的名句，即引用了"南柯一梦"中的典故。扬州古槐的人文意义将永存青史！因此，保护这株古槐树，自有其极大的文化价值。

　　　　　　　　　　　（撰文：纪开燕；摄影：吴建华、朱少琳）

# 千山群松之主——蟠龙松

【古树名称】千山古松

【基本情况】树种：油松 *Pinus tabulaeformis*（松科松属）；树龄1000年以上；树高13.8米；胸径3.3米；冠幅25米×23米。

【生存现状】有衰退状，稍有枯枝。

【保健措施】对于地下部分复壮，通过加强土壤管理和嫁接新根方式完成。深耕松土的范围是冠幅垂直投影处，深度要求在40厘米以上，分两次完成。深耕有困难时，沿根系走向，用松土结合客土覆土保护根系，也可开掘土壤通气井，地面上铺置上大下小的特制梯形砖，砖与砖之间沟缝，留有通气道。同时，选择古树周围，不同地点、不同深度土样、定量分析营养元素的含量，如发现异常需要换土施肥。对于地上部分的复壮，加强对古树树干、枝叶等的保护，促使其生长。通过支架支撑，堵树洞，设避雷针保护树干，防止劈断及被雨水侵蚀而引发木腐菌等真菌性病原危害。

千山古松，位于辽宁省鞍山市千山风景区香岩寺

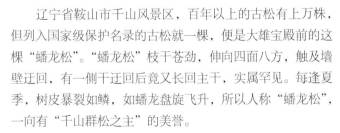

　　辽宁省鞍山市千山风景区，百年以上的古松有上万株，但列入国家级保护名录的古松就一棵，便是大雄宝殿前的这棵"蟠龙松"。"蟠龙松"枝干苍劲，伸向四面八方，触及墙壁迂回，有一侧干迂回后竟又长回主干，实属罕见。每逢夏季，树皮暴裂如鳞，如蟠龙盘旋飞升，所以人称"蟠龙松"，一向有"千山群松之主"的美誉。

　　蟠龙松位于香岩寺内，香岩寺建于唐代。《辽阳县志》记载了蟠龙松名称的由来："寺院内古松一株，老干拏空，苍皮皴若龙鳞，盘屈结盖，荫遮满院，盖三四百年前物也，文人名之蟠龙，题咏甚多。"其中有一首诗云："日照香岩生紫烟，千古蟠龙藏深川。禅音仙气不盈尺，身卧天上九重天"。

　　民间则传说"蟠龙松"是一条真龙的化身。相传古时候有一棋仙与凡世间一棋童在山巅对弈，山峰高耸入云，棋童乘十瓣莲花到达峰顶，棋仙乘蟠龙登至山腰，步行登顶。这一凡一仙下起棋来，不知他俩下了多少时辰，也不知人间过了多少年头，却见托棋童上山的十瓣莲花变成了一座山峰，那蟠龙饿死在半山腰，化成一棵老松树，人们叫他"蟠龙松"。

　　而今，当我们再次拜访这株蟠龙松，它确如《辽阳县志》中所记载的那样，皮似龙鳞，干枝奇特，犹如巨龙飞升。最为神奇的是，几株巨大的枝干上还生出了几株绿意盎然的小树。有知名林学家说这是树上树，一般树木很难出现这种情况。

　　"寺当山阳，山花极盛，春夏之交，满山花开，香气氤氲。"当你在香岩寺目观山花盛开，深嗅香气氤氲，你是否真正体会到"山在不高，有龙则灵"呢！

（撰文：邹学忠；摄影：雷庆锋、冯世强）

# 古井相伴铁冬青

【古树名称】桃江铁冬青

【基本情况】树种：铁冬青 *Ilex rotunda*（冬青科冬青属）；树龄300多年；树高9.5米；胸径2.55米；平均冠幅13.7米。

【生存现状】这棵树已步入暮年，有部分枝桠已折断，枝桠生长有萎缩的趋势；树叶墨绿色，无明显枯叶、黄叶；主干较完整，无腐斑，无树洞；没发现病虫害，总体上生长状况一般。每年春季仍开满了奶白色小花，因为雌雄异株的原因，周围没有其它铁冬青，所以只开花不结果。

【保健措施】定期开展监测，观察是否有病虫害，做好记录；一旦发现病虫害，及时上报县森保站；加强管护，减少人为活动对古树的影响和伤害；采取输液、施肥、松土等措施，保证树木生长养分供给和地面透水透气。

桃江铁冬青，位于湖南省益阳市桃江县牛田株树山

在湖南省桃江县的牛田株树山，有一株树龄300多年的铁冬青古树，古树下有一口井叫梅兰古井。据当地百姓讲，古树与古井相伴至少有三百个春秋了。中南林业科技大学喻明勋教授专程到此看过古树古井，他说："因为只是目测，我不能知道确切年龄，但树龄至少在三百年以上，品种为铁冬青，这一树种在省内罕见。"

古井上方石壁上写有"辉增天禄"四字。传说，清嘉庆十五年（1810年）四月，两江总督陶澍来到株树山村（原郭家塘村）刘家湾访友，被村口一古井吸引住。但见井边有一树粗可两人使围，冠如伞盖，香飘数里。陶澍命人取水品尝，觉满口生津，知水质绝佳，便问来历。好友刘颖告诉他：井建于明朝初年，是刘家湾祖上人梅兰公所挖，因名"梅兰古井"，树的历史更悠久。午宴上，刘颖恳请挚友给古井题词，陶澍应允，离后不久即派人送来一块大匾，上书"辉增天禄"四字。天禄乃酒的别称，陶澍将此泉喻为美酒，可见褒奖之意。据传，嘉庆十八年春，陶澍同事陈雅琛也慕名来此，曾题写"梅兰揽胜"一诗。

如今，梅兰古井被修缮一新，当地文化人临摹陶澍字体，将"辉增天禄"四字摹刻在井头石板上，同时，将陈雅琛的咏景诗抄录于井旁边石壁之上。

井水终年不枯，可治肠胃疾病，四方村民排队取水。

关于这口古井、这棵古树，民间还流传有很多有趣甚至神奇的传说，这也让古树古井披上了一层神秘的面纱。

现年67岁的村民周梦生回忆说，1958年大跃进那会儿，村里打算把古树砍去炼钢铁。就在准备行动的头一晚，突然风雨交加，雷电把古树的一大枝桠劈掉在地，村人拿去烧火，竟然引而不燃。当时，大家觉得事有蹊跷，似冥冥中自有天意在告诉人们，不能砍树。村人放弃了砍树的想法，古树幸免于难。其实铁冬青因其本身不易燃，可做防火树种，故而才发生了当年奇怪的一幕。

至于这口井，更被当地人奉为神物。不但井水冬暖夏凉，终年不枯，而且当地人说，平时谁要患腹泻，只要饮此古井水，病立马好转。于是，不但株树山村本地人，就连几十里外的外村人，都会成群结队地赶来搬运井水。每到傍晚时分，这井旁就列队如龙，经年不衰。

一位村民说，十多年前，有个在外地工作的乡友，带回一张台湾地图册，地图上竟有这个古树的标记。

这棵古树每逢4月，都会开出黄白色的小花，芳香浓郁。但奇怪的是，不知从何时起，这棵树却只开花不结果。到后来，村上对古井进行了修葺，用水泥将古树一面的土地和古井整个围了起来。如今，不知何因，古树长势不如从前旺盛了。

喻明勋教授解释道，这棵树已步入暮年，枝丫也有折断的痕迹，但目前生长状况尚好，至于古树多年只开花不结果这种现象，原因尚不明晰。"铁冬青又名万紫千红，万紫千红形容的不是它的花朵，而是其秋后的累累红果，煞是可爱。它因其观赏价值高而显得珍贵，上百年的更是少见。"喻明勋说，只开花不结果，真是可惜了。

"古树枝叶萎缩生长，出现疲沓之态，若将树周边的水泥地恢复为泥土，将有利于其生长。"他还建议村民在古树周围加建护栏，防止牛羊破坏、啃食。

（撰文：熊跃芝、杨玉涵、欧卫明；摄影：欧卫明）

# 银杏老神树

【古树名称】郯城银杏

【基本情况】树种：银杏 *Ginkgo biloba*（银杏科银杏属）；树龄3000年；树高37.6米；胸径2.45米；平均冠幅19米。

【生存现状】长势良好，偶有枯萎病枝。

【保健措施】从2007年起，连续7年对老神树采用苦参碱等药物喷雾防治。每年4月中旬至6月上旬，初见枝条枯萎时，及时剪除，集中烧毁，减少幼虫转枝危害。四次对该树进行过加固保护。先后在大树旁支起铁匠炉打铁箍将主要干枝加固。2004年，对其周围加上了大理石护栏并立碑。

郯城银杏，位于郯城县新村银杏产业开发区广福寺（新村古梅园）内

山东郯城是神奇、灵气之所在，银杏老神树就生长在郯城新村银杏产业开发区广福寺（新村古梅园）内。据说它是我国树龄最长，单株材积最大的银杏雄树，可为方圆百里的银杏雌树授粉。

如果你有幸来到郯城，来到这棵三千年老神树的跟前儿，这位"长者"便会向你讲述它的前世今生。

当年官竹寺僧人，在树冠下部嫁接雌枝，嫁接过程几经反复终获成功。现在该树可结14个品种的银杏，每年结实75公斤左右，在国内外实属罕见。这棵树发芽早、落叶迟，生长期近10个月，但在三五天内树叶即可全部脱落。树干上长着10余个"树奶"，人们称之为"大神树"，被郯城县政府列为县级重点保护文物，并立碑曰"银杏王"，已经载入了《中国果树志·银杏卷》《山东树木奇观》《中国银杏》《中国银杏志》等。

此树植于何时，何人所植？目前见诸文字的有四种说法。

一是唐代说。唐代佛教盛行，寺院广布，官竹寺是唐代所建，据此推断树寺同步。

二是北魏说。《洛阳伽蓝记》卷三载：正光年中，孝明帝即位，临朝执政，方倡佛教，大建寺院，新村官竹寺是北魏时所建，树是北魏时所植。据南宋僧人了智编修《大净寰土寺观志·释氏上人传》记载："北魏正光辛丑（即公元521年），有上人自京师（洛阳）挂搭，坚苦服食至东沂左一丘。其在阜隆水襄，乃形胜也。心乐之。卓锡，庵名崇福，旋复名广福。（上人）手植鸭脚（银杏）二于庵比。一枯，一蕃茂焉。今婆娑扶摇者，上人所植也。""沂左一丘"，与新村乡银杏古梅园所处的位置和自然形势完全相同。该小丘名曰

"红石崖"，紧傍沂河东岸，确为形胜之地。"庵名崇福，旋复名广福"，也正与官竹寺旧名相合。乾隆元年《重修官竹寺记》说："县西南四十里有官竹寺，即旧名广福寺。"可见，"官竹"即为"崇福""广福"之后起之名。其始建之年即为北魏正光辛丑，建寺时上人手植银杏树也就有了确切树龄。

三是西汉说。汉明帝夜梦金人，顶有白光，绕殿飞行，升空北去。博士傅毅圆梦说："天竺有人名叫佛"，汉明帝派到天堂去求佛经，佛教方兴。官竹寺是西汉永光年间(公元前43-38年)所建，树是汉时栽植。

四是商末周初说。清朝秀才禚从闵祖传《北窗琐记》载，商末周初，武王姬发续封郯国。国君郯子见新村红石崖，东靠万顷沃野，西邻滔滔沂河，是发展经济的好地方。就在这里建了多间小屋，名曰课农山庄。郯子和夫人一起带

着文武官员和部分军队，常驻崖上，开垦土地，种植谷麦和果桑。建立示范基地，教授人民生产技术。古银杏树就是那时郯子亲手种植。《北窗琐记》还提供了许多与此树有关的诗词、民谣。其中有一首诗说："老树传奇十八围，郯子课农亲手栽，莫道年年结果少，可供祇园清精斋。"还有民谣里唱到："上古少昊立郯国，郯子亲手种玉果，果种本是王母赐，两公两母共四棵，两棵种在青石崖，两棵为民熬水喝。"

"桃三杏四梨五年，无儿不栽白果园。"银杏树生长缓慢，需四五十年方能进入盛果期，所以又名"公孙树"，内含"爷爷种树，孙子得食"之意。昔日一家一户的传家树，经郯城老百姓的接力，现在已变成了规模连片的银杏园，绵延十余公里的银杏古树林与新树林交相辉映，成了全县百姓的致富树、民生树。

（撰文：乔显娟；摄影：魏珍珍、柴西文）

# 雷公山秃杉王

**【古树名称】**雷山秃杉

**【基本情况】**树种：台湾杉 *Taiwania cryptomerioides*（杉科杉属）；树龄1000年；树高45米；胸径2.1米；平均冠幅20米。

**【生存现状】**树叶绿色，长势良好。因遭风雪等，树高45米以上断梢。同时，清朝末年因土匪纵火，树干基部西北侧受到影响而枯朽，枯朽部分宽约占树干1/4，高6~7米，对树体生长造成一定影响，且易引发蛀虫，影响树体健康。同时，秃杉王周边早期有村民建房居住，加上人为活动等，使树基部土壤较薄，对秃杉生长存在影响。

**【保健措施】**定期开展监测，观察是否有病虫危害，做好蛀干害虫预防。做好人工监测措施，发现病虫情，及时上报并进行防治；争取资金投入，将古树基部周围磊台填土，适当补充施肥，给古树足够的生长营养；合理控制人为干预，减少人为活动对古树的影响或伤害。

雷山秃杉，位于贵州省雷山县方祥乡

贵州雷公山国家级自然保护区方祥管理站格头村保存了一株树龄1000多年的秃杉（别名台湾杉）古树，为目前所知胸径最大的秃杉，当地人称"秃杉王"，是雷公山区秃杉资源的代表。"秃杉王"与当地居民长期休戚与共，演化成了神树，被人们崇拜，流传了许多故事。

## 秃杉与格头村名的由来

相传格头村民的先主原来居住在相隔数十里外的小丹江一带。一次打猎中，由猎狗带到了现在格头村所在地，先主发现此地适合居住，特别是此地赫然屹立着许多高大伟岸的大秃杉，其中一株九人才能合抱的古秃杉枝桠向下斜生，遮天蔽日，先主顺便以古秃杉的枝桠为屋檐，建房居住。后来，外人发现此尚无名称的居住地，其最大的特点就是以粗大、向下斜生的秃杉枝桠为屋檐，便取名为"嘎丢"（苗语音，意为向下弯的秃杉大枝桠）。"嘎丢"音译为汉语即"格头"，格头村由此而得名。格头村居民从此与秃杉为伴，互相依存，秃杉也成为护佑村民的神树而得到呵护。

## 秃杉护佑了村民

先主在格头村定居后，一次外出都匀一带做买卖。途中遇到一壮硕英俊的青年一直与其结伴而行，每遇困

难，青年就出手帮助先主，先主买卖一路
顺利。到后来与青年一同下榻旅店，先主
感激地问青年人为哪里来的好心人，年青
人回答道："我从'嘎丢'来，我就是你
的邻居呀。"先主认为年青人在骗他，"嘎
丢"就只他在居住，哪里来的邻居呀？先
主很纳闷，想着想着渐渐进入了梦乡。半
夜里，年青人托梦给先主说"我没有骗你，
我是你住在下面的秃杉化身而来，特意前
来护佑你的。"先主恍然大悟，猛然醒来，
发现年青人踪影全无。从此，先主告诫子
孙，秃杉是护佑他们的神树，无论大小秃
杉，大家千万不能破坏它，世代相传。

## 村民呵护着秃杉

遵循着先主的古训，格头村民对秃
杉世代加以保护，遇到秃杉老死，会像悼
念逝去的老人一样，举行仪式为其送终。
2001年，村中一株年老枯死的古秃杉枯立
多年终于倒下，压了村民杨文成、杨你
里两家的田头，全村为之惋惜。后来，按
习俗，杨文成、杨你里合伙购了一头猪，
请来巫师，邀约村民按照送葬老人的仪
式，把古秃杉推入河中，让河水载秃杉流
走。据说，这样能让秃杉之灵魂化为龙，
游入江河湖海。

## 秃杉的代表—秃杉王

秃杉王位于格头村旁。走进格头村，
远远就能望见秃杉王苍翠挺拔的身姿，在
向人们述说着关于秃杉的人文故事。在当
地居民的呵护下，格头村为雷公山秃杉资
源分布最集中的地方，其中胸径50厘米以
上的秃杉500余株，胸径100厘米以上的秃
杉200余株，胸径最大的当属秃杉王。它
是秃杉的代表，承载和见证了当地居民敬
仰秃杉、崇尚自然的人文历史。

保护秃杉、保护秃杉王，是当地居民
的愿望，也值得世人关爱和保护。

（撰文：王子明；摄影：夏昌新）

# 巫溪"夫妻神树"

【古树名称】巫溪铁坚油杉

【基本情况】树种：油杉 *Keteleeria davidiana*（松科油杉属）；共2株，较大一株树龄1300年，树高20米，胸径2米，冠幅24米×35米；较小一株树龄1000年，树高18米，胸径1.7米；冠幅20米×25米。

【生存现状】由于树龄大，生命力减弱，加之其根系仅三分之一扎在土内，所吸收的矿物营养不能满足地上部分需要，导致生理机能下降，树冠部分从老枝到新枝均有枯萎死亡现象。灾害性天气、立地条件差等因素，均对古树生长造成一定影响。人为活动频繁，周围地表踩踏严重，造成土壤板结、通透性降低；裸露的根系受到人为践踏损坏，造成机械损伤，树干被攀折刮刻等，给病虫害滋生创造了条件，发现树干下部有少量的虫卵，但目前危害程度还不十分明显。

【保健措施】加强保护，避免人为破坏，在古树周围设立栅栏隔离游人，避免践踏；防治病虫害，以药物防治为主，严格掌握施药浓度，防止对古树产生药害；清理枯枝死节，防腐堵洞，填补孔洞先清除内部腐烂物，经3%硫酸铜消毒后，用加松节油调制的油灰填补，外面再抹一层波尔多浆，以防病虫滋生和枝干腐烂；加强病虫监测，防止白蚁等蛀干害虫危害；合理施肥灌水，保持树木有良好的营养供给，延缓树木老化衰退时间。

巫溪铁坚油杉，位于重庆市巫溪县鱼鳞乡五宋村

巫溪县鱼鳞乡五宋村，有两棵并列而生的铁坚油杉，因一棵结果一棵不结果，被当地人俗称"夫妻神树"，或曰"大树菩萨"。

清嘉庆年间，此地区为四川、陕西、湖北交界处的县衙，名曰泉汛衙门，乃关押犯人之地。当时树旁建有一庙，香火鼎盛，每逢初一十五，便有香客络绎不绝。时代变迁，寺庙虽已不复存在，但修筑寺庙的功德碑却保留了下来，此地也成为当地人烧香拜佛之地。

据传，每到夏天，古树底便自发而来一群红蛇筑窝，天热时纷纷爬上树纳凉，时有几条落下，吓得人们不敢上前。后来，有一名奉节籍香客看到，便称树上长有灵芝草，爬上树将灵芝草采下后，自此便再无红蛇踪迹。

当地人称，铁坚油杉本四季葱绿，却在1976年秋天（同年9月毛主席逝世），树枯叶黄，奄奄一息，然而第二年春天，两棵古树又是新绿一片。另有一年，村支部

书记为给女儿治病，多次寻医无果，一日书记做梦，梦见"夫妻神树"令他于树下烧香拜祭，其女自得痊愈。第二天书记便照做，他女儿的病真奇迹般好了起来。"大树菩萨"因此得名。

近几年，鱼鳞乡大力发展乡村旅游，以"夫妻神树"景点带动乡村旅游产业发展，引导返乡创业农民投入农业生产，充分利用当地农产品绿色环保无公害的特点，鼓励农户利用自家庭院开办乡村农家乐，如今，五宋村的"神树山庄"也已正式对外营业，前来休闲观光的游客络绎不绝。

（撰文：罗明权；摄影：顾启英）

# 五虬树王迎盛世

【古树名称】宁海五叉樟

【基本情况】树种：樟树 *Cinnamomum camphora*（樟科樟属）；树龄1070余年；树高18米；胸径15米；冠幅40米。

【生存现状】总体上生长状况良好。因树龄长，主干木质层已腐烂中空，基部分叉，根系依然茁壮，枝干部分有枯死现象。近年来，因保护措施有力，复壮趋势明显。

【保健措施】设立铁制护栏，禁止游客进入护栏，减少人为影响；落实责任单位与专人负责、监测、记录；定期开展"体检"，确定全方位的保护与复壮措施；对树体利用钢管进行支撑与托举；针对古樟受香樟萤叶甲、樟巢螟、樟叶蜂、白蚁等危害的情况，购置高压药泵进行全季节喷药防治；对树干腐烂情况采取堵缺口、填树洞措施；促进老树生长，置换富含腐殖质的营养土，并采取活力素吊针方式予以补充营养；设立树牌，建立古树名木网站等，增强人们对古树保护、生态文明的认知和兴趣。

宁海五叉樟，位于浙江省宁波市宁海县前童镇竹林村七圣樟树脚

浙江的樟树王在哪里？树王就在宁波市宁海县前童镇竹林村七圣樟树脚。那儿耸立着一棵千年古樟，树体庞大，远近闻名。林业部门2012年的普查数据表明，这棵编号为0226100143号的古樟树，树龄1070年，树高18米，胸围15米，冠幅40米，巨树有五叉分枝，似五条虬龙盘旋而上，因此当地人习惯称之为"五叉樟"。这棵树居宁波十大古树名木之首，有"宁波第一大树""宁波树王""浙江第一樟"等美誉。

这棵古樟的来历，要追溯到唐末五代天福年间。竹林村七圣王姓始祖王缙官至大理寺评事卿，因避五季之乱，举家从新昌长潭岛来村迁居宁海南乡塔山之麓；五代后晋（公元936-943年）之间，又辗居竹林七圣。当时人烟稀少，王姓先祖遍植竹木，开荒躬农，自耕自食，过着隐居生活，其中就有这棵樟树。沧桑千年，人事俱替。王姓家族人丁续兴，现成为宁海县一大村落，原有的竹林已荡然无存，众多的树木也消失在岁月的变换中，唯有这棵五叉巨樟，在见证了王氏一脉兴衰的同时，迎来了盛世。

千年的栉风沐雨，在五叉樟身上布满了岁月记忆。远眺大树，可见其高耸于树庄房屋之上；走近大树，可见其树形宏伟硕大、浓荫蔽日；而临近树下，看到的是个令人拍案惊奇的景象。巨大的树干中间有三处一米宽的空隙，成年人不需要弯腰就可以方便走进树身中间；五叉分枝以下树身形成一个内径6米、底土面积40平方米的巨大空洞，俨然是一座可容纳10余人的天然木屋，世间罕有。由于树身内空间宽敞，昔日常有村民在其中宴饮、娱乐，既可避暑纳凉，又可遮风挡雨。

参天大树，起于沃土厚壤；古树传承，多赖民风淳朴。宁海古属台州，其地既得天台之巍伟，又兼东海之博大，地属婺星分野，脉承天地正气。因此宁海历代名人辈出、生态环境优越、文明遗存众多；宁海人爱树护木的优良传统，使得数量巨大、种类繁多、内涵丰富、形态奇绝的古树名木得以保留。这棵古樟是宁海县沧海变桑田的最有代表性的见证，在它布满沧桑的树干中，深深地烙印着经受无数次劫掠的宁海生态环境的变迁，展示了宁海的自然景观和人文景观。

近年来，当地政府对古樟的保护力度不断"升级"。从原先的围栏保护、白蚁防治，到现在开展古树领养、进行全面"体检"、加大保护宣传力度等多种方式，使保护古树名木的意念家喻户晓、深入人心。

一棵古树，是一部历史；一棵古树，是一种精神；一棵古树，也是一道风景，是自然界和前人遗留的无价之宝。五

代古樟逢盛世，人文古树说和谐。千年古樟至今仍能迸发勃勃生机、与周边环境相得益彰，反映了全社会护绿爱树的传统、与古树和谐共处的意识，也体现了政府各部门良好服务的结果。有理由相信，在全社会的共同关注爱护下，树王的风采必将长存，树王的风姿依然绰约。

（撰文：何贤平；摄影：何贤平、王开荣）

# 名闻天下的"小鸟天堂"

【古树名称】江门大榕树

**【基本情况】**树种：榕树 *Ficus microcarpa*（桑科榕属）；树龄390多年；树高15米；冠幅占地15亩。

**【生存现状】**该树树势旺盛，树叶浓绿，无枯叶，无枯枝和蛀洞；树体周边发现有害植物薇甘菊分布。

**【保健措施】**安排专人定期开展有害生物监测，如发现病虫为害，及时开展防治；对树体周边的薇甘菊进行清除，防止有害植物攀爬；合理控制人为干预，减少人为活动对古树的影响或伤害。

广东省江门市新会区的天马村在明朝初期就已经存在了。到万历四十六年（据天马村陈氏族谱记载为1618年），村里人口增多，饮水不足，村民们便在村前挖了一条河，这条河叫"天马河"。河挖好以后，村里连续几年遭灾遭祸，不少人家破人亡。

有一天，村里来了一位风水先生。他对村民说：从银洲湖经金牛头流来的水是淌金流银的，但这条河流不合适，河流向东，人财两空，要保平安，过好日子，就要在河中心造一个"墩"挡水。村民按其指点，挖土运泥在河中垒起了一个"土墩"，土墩做好后，有位村民把一根榕树枝插在了土墩上。几年后，榕树枝不知不觉竟长成了一株枝繁叶茂的大榕树。榕树枝干上长着美髯般的气生根，着地后木质化，抽枝发叶，长成新枝干。新干上又生新气生根，生生不已，经过几百年的繁衍，变成一片根枝错综的榕树丛。婆娑的榕叶笼罩着20多亩的河面，引来成千上万的鸟类栖息繁衍，并最终形成了名闻天下的"雀墩"——"小鸟天堂"。

江门大榕树，位于广东省江门市新会区南10公里的天马村河中

这棵神奇的古榕树上栖息着数以万计的各种野生鹭鸟，其中以白鹭和灰鹭最多。白鹭早出晚归，灰鹭暮出晨归，一早一晚，相互交替，盘旋飞翔，嘎嘎而鸣，非常壮观。鸟与树相依，人与鸟相处，和谐奇特，真是世间罕有的一道天然美丽风景线。1933年，文学大师巴金先生乘船游览后叹为观止，写下优美散文《鸟的天堂》。1958年，时任广东省委第一书记陶铸与时任广东省省长陈郁视察新会县期间，游览此地，被雀墩"一树成林十五亩，万鸟起落是天堂"的美景倾倒，并指出：这一独特的生态景观弥足珍贵，一定要切实保护好发展好，要把它扩建成公园，让广大群众游览欣赏。并建议，根据巴金先生《鸟的天堂》的文意，改称"雀墩"为"小鸟天堂"。为此，新会县政府部门专门约请巴金先生，先后于1982和1984年分别亲笔书写了"小鸟天堂"的题名。自此，这棵传奇的巨榕连同后来建成的公园，就有了"小鸟天堂"的正式名称。

1978年，人民教育出版社把巴金《鸟的天堂》列入全国小学六年级下学期《语文》教科书，几乎所有的中国小学生都从课文中知道，广东新会有一个美丽的鸟的天堂。2010年，上海举办世博会，广东馆展览了以"小鸟天堂"为原型的"生命之树小鸟天堂"互动作品，引起全世界观众极大的震撼，使小鸟天堂得到全世界的观赏。

（撰文：苏广新、刘建锋

照片提供：江门市新会小鸟天堂旅游有限公司）

# 古老的木棉树

【古树名称】羊城古木棉

【基本情况】树种：木棉树 *Bombax ceiba*（木棉科木棉属）；树龄370余年；树高23米；胸径1.9米；平均冠幅6米。

【生存现状】有专门机构和人员负责日常管理；广州市林业和园林局定期组织专家对古树进行监测和防治，无枯枝、枯叶和无蛀洞，生长良好。

【保健措施】加强对古树的日常管理和维护，定期开展病虫监测，防止病虫为害；强化保护工作，合理控制观赏的人流量，减少人为活动对古树的影响或伤害。

羊城古木棉，位于广东省广州市越秀区中山纪念堂

据《西京杂记》记载，西汉时，南越王赵佗向汉帝进贡木棉树，"高一丈二尺，一本三柯，至夜光景欲燃"。木棉属于速生、强阳性树种，树冠总需高出周围的树群，以争取阳光雨露。木棉这种奋发向上的精神及鲜艳似火的大红花，又被人誉之为英雄树、英雄花。最早称木棉为"英雄"的是清人陈恭尹，他在《木棉花歌》中形容木棉花"粤江二月三月天，千树万树朱花开。有如尧射十日出沧海，更似魏宫万炬环高台。覆之如铃仰如爵，赤瓣熊熊星有角。浓须大面好英雄，壮气高冠何落落！"。1959年，广州市长朱光撰《望江南·广州好》50首，其中有"广州好，人道木棉雄。落叶开花飞火凤，参天擎日舞丹龙。三月正春风"之句。每年元宵节过后，木棉花盛开，常引市民、游人观赏，场面热闹。

木棉花是广州的"市花"，深受广州人喜欢。"花开则远近来视，花落则老稚拾取，以其可用也"，直到上世纪六七十年代，每逢木棉花开，不少老人、小孩常站在木棉树下，抬头仰望，每有一花坠落，纷纷上前争拾，然后用草绳穿成串，如获至宝。此外，当地人还以木棉为棉絮，做棉衣、棉被、枕垫，唐代诗人李琮有"衣裁木上棉"之句。宋郑熊《番禺杂记》载："木棉树高二三丈，切类桐木，二三月花既谢，芯为绵。彼人织之为毯，洁白如雪，温暖无比。"木棉花也可入药，把新鲜掉下来的木棉花晒干，晒干了的木棉花有药用价值，用干木棉煮粥或煲汤，可清热解毒，驱寒祛湿。

广州市越秀区中山纪念堂内的木棉树为广州市一级古树，是羊城现存最古老的木棉，1985年列为第一批古树名木。历经三百多年的沧桑，却依然清姿卓立，傲然挺拔，枝

繁叶茂。每逢三月，老树新花，满树枝干缀满艳而硕大的花朵，似红霞染天，非常壮观。

这株老树亲眼目睹了满清王朝的腐朽堕落，目睹了广州起义的惨酷壮烈，目睹了孙中山的百折不挠，目睹了陈炯明的叛乱，目睹了身旁的总统府被夷为平地后又建起了一座全新的纪念堂，亲身经历了叛军的炮火和日本侵略者往它身下投下的炸弹。风走云飞，星流人逝，老树依旧静静站立，夜深人静时，细细品味着数百年的风霜。

（撰文：刘建锋、陈开轩；摄影：刘建锋、林绪平）

# 鳄鱼拜佛榆

【古树名称】相国寺古榆树

【基本情况】树种：榆树 *Ulmus pumila*（榆科榆属）；树龄800余年；树高6米；胸径0.42米；冠幅8米×9米。

【生存现状】树叶绿色，目测无枯叶、焦黄叶；树枝正常，无枯枝、死枝；主干正常，冠形饱满，无缺损；无严重的病虫害，偶有小蠹虫，但尚不构成危害。总体上生长状况良好，长势旺盛。

【保健措施】定期开展监测，观察是否有病虫危害，做好记录，发现病虫情，及时上报；采取人工浇水、施肥、叶面喷水等措施等，保证树木生长养分和地面透水透气；合理控制人为干预，减少人为活动对古树的影响或伤害。

有着1500年历史，与敦煌、云冈、龙门齐名的须弥山石窟，名扬四海，原本就对世人颇具吸引力，而位于窟区中心的一棵古白榆，近年来又以其古怪奇特之造型搏得了一个个观光者叹为观止。

令人惊叹的古榆树，横卧悬崖的主干最粗壮处直径80厘米，主干高6米，树冠东西南北均为9米，胸围主枝侧枝及树基难以区分，却有七八条裸露根从四面八方支撑主干。裸露根直径在20～30厘米之间，均向不同角度蜿蜒，于1～3米处伸入地下。

关于"鳄鱼拜佛"的来历，须弥山石窟管理处的导游员说："榆"即"鱼"也，榆为鱼之变，榆乃鱼之化身焉。传说在很早以前，有一鳄鱼生活在桃花洞（窟区一景点）深水中，经年久修炼成精后，不但一贯兴妖作怪，而且还常常下山或在洞口寻机以吃人为生。与桃花洞临近的灵官洞（窟区另一景点）的王灵官在发现了鳄鱼精的作恶与血淋淋的罪恶后，决定行使他的天职（奉天官旨意手执金鞭专事降伏妖精、捉拿妖邪等）捉拿与惩罚鳄鱼精。鳄鱼精痛哭流涕地恳请赦勉，承诺要痛改前非。此后很长一段时间，鳄鱼精就不再吃人。但是有一天，王灵官假装凡人蹲在洞口不远处的河边洗手洗脸，意在考验鳄鱼精是否彻底悔悟。吃人之心尚存的鳄鱼精又起歹意，但在王灵官手下哪能得逞呢，即刻就被捉拿。气恼了的王灵官将鳄鱼精重罚后，施出法术勒令它放下屠刀（再不吃人）立地（定在河边）成佛。鳄鱼精立刻化作一株榆树，面向相国寺（窟区一寺庙），不停的哭呀哭，连眼珠子都哭出来了（榆主干顶有一小包确像眼珠）——以表明自己想修心成佛，练成正果。

神话传说是很贴近人情的，大自然的鬼斧神工堪当巧合。这棵集典故与形态为一身的"鳄鱼拜佛榆"，自从党和

相国寺古榆树，位于宁夏固原市原州区黄铎堡须弥山文管所相国寺院内

国家注重保护名胜古迹以来，尤其是把生态环境建设摆在重要地位之后，它的身价不凡，知名度与日俱增，有关部门和石窟管理所早已多次实施了保护措施。2004年，当地林业主管部门经调查登记，将其列入国家一级古树（固原市唯此一株），加以保护。

如今，有关部门在"鳄鱼拜佛榆"的侧旁已设立了一块书有醒目红字的中外文简介标牌，凡进入窟区的游人必争先恐后，一睹为快，而且随着导游员的精彩解说，往往报以热烈的掌声。
　　　　　　　　　　　　（撰文：李志强、陈义杰；摄影：李志强）

# 神奇的九耙树

【古树名称】武隆包石栎

【基本情况】树种：九耙树 *Lithocarpus cleistocarpus*（壳斗科石栎属）；树龄1200年；树高18米；胸径2.2米；平均冠幅25米。

【生存现状】2011年评选为重庆市森林旅游"十大树王——旅游形象代言树"之一，纳入国家一级古树加以保护。目前，古树健康状况良好，郁郁葱葱，枝繁叶茂，成为双河乡一宝。

【保健措施】利用黑光灯，诱杀害虫，监测种群密度；合理施用水及肥料，保持树木有良好的营养供给；加强保护，避免人为破坏，定期整形，修剪，保持坐果率。

在武隆县双河乡有一棵远近闻名的神奇古树。2011年6月的一天，阴雨连绵的天气终于露出了笑脸，我们一行人慕名前去探访这棵神奇的古树。古树位于武隆县双河乡新春村老房子村民小组，距今已有1200年历史，主干需四人才能合抱。最早是何人所栽不得而知。老房子组的村民全姓罗，所以这棵古树成了罗家人的风水树。

武隆包石栎，位于重庆市武隆县双河乡新春村

在新春村罗勇主任的带领下，沿着盘旋的公路而上，两旁是秀丽而绵延起伏的山岭，郁郁葱葱。走进村庄，远远就看到一株巨大的绿色伞状植物耸立着。随行的罗主任告诉我们，那就是"九耙树"（学名包石栎），树高18米、冠幅25米，2011年评选为重庆市森林旅游"十大树王——旅游形象代言树"之一，现在纳入国家一级古树保护序列。

一行人心情激动起来。车一停，快步走向那棵古树。古树生长在一片空旷的地上，褐色粗大的树干，枝叶茂盛，像一把绿色的大伞，可容纳上百人在树下避雨和纳凉。

看到我们一行人，当地热情好客的村民围拢过来，七嘴八舌一脸骄傲地向我们说道，这是我们的一棵宝树，非常有灵性，谁家的小孩子生病、牙疼等等，去拜拜九耙树爷爷，病就痊愈了。每年的庙会、春节，远近村民都要来这里上香祈福，祈求古树爷爷保佑一家人平安、健康、幸福。

我们发现九耙树的树叶好像有些干枯，有些不解。健谈的罗大爷告诉我们，这是九耙树另一个神奇而有灵气的地方。别的树都是春季里长出新叶，而九耙树却是每年6月至7月才开始掉黄叶，生长新叶。当地村民根据树叶脱落的时间长短，来分析天气干旱和涝灾情况：古树一边脱落黄叶，一边生长新叶，持续时间长，当年将风调雨顺，五谷丰登；反之，如果黄叶几天时间全部掉完，当年就会出现伏旱天气，靠天吃饭的年代，粮食就会减产，乡亲们就会挨饿。现在党和国家的政策好，水利设施改善了，乡亲们就会提前做好生产生活蓄水准备。

十分健谈的罗大爷指着古树上的一个树洞，给我们讲起关于"九耙树"的一段传说。很久以前，一个叫罗英的秀才，边游学，边欣赏着山水美景。一天，他骑着马不知不

觉间走到一个风景如画、世外桃源般的小村庄，这个村庄两边是山岭，中间一条玉带般的小溪绕行。小溪两旁开放着五颜六色的鲜花，一棵像巨大绿伞般参天古树耸立在岸边。两旁山岭上是高耸入云的参天古树，成群结队的羚羊、野猪、野兔在林中追逐、嬉戏。罗英秀才被这个仙景般的地方吸引，下马小憩，把马拴在那棵古树上，背靠着古树休息。朦胧间，一位白胡子老爷爷对罗英秀才说，五百年前，一只危害、作乱人间的黑妖熊，被村庄里的法师捉住，用咒封在仙女山的大熊洞中。这只黑妖熊不但不思悔改，这五百年间更是时刻想着出洞报复，今夜正是这个黑妖熊出洞时间，这个村庄大难当前，同时递给罗英一把钥匙，告诉罗英灾难来临之际，让乡亲们进入这个树洞避难，大树中有一根金扁担，用这根金扁担，能够杀死这只黑妖熊，阻止这场灾难。恍惚间，罗英惊醒了，才知道是自己做了一个梦，猛然间感觉手心里有一个硬硬的东西，一看，真的是一把金灿灿的钥匙，罗英感到十分惊奇，收起钥匙，走进村庄。

　　质朴善良的乡亲们争相邀请罗英到家作客，互相交谈，

才知道这个村庄里的人都是姓罗，这样大家越说越亲切。当晚，罗英就在族长家住下。半夜的时候，远处的山林中传来咆哮声，庄子里狗叫个不停，睡梦中的大人、小孩被惊醒了，大人们惊慌失措，小孩子啼哭不止，不知道发生了什么事？咆哮的声音离村庄越来越近，咚咚的脚步声震动了房屋。罗英记起白天的梦，知道白天的梦是古树显灵了，让自己解救乡亲们，急忙叫族长通知乡亲们，来到古树下，用钥匙打开树洞，让小孩、老人赶紧进入树洞，罗英秀才最后一个进入树洞。树洞里面十分宽敞，在树洞的角落里，看到一个隐隐约约闪光的长方形木匣，罗英走过去打开木匣，木匣中有一根金光灿灿的金扁担。罗英取出金扁担，同时告诉乡亲们白天做的梦。安顿好老人、小孩，罗英把全庄的青壮年集中起来，想办法对付那个黑妖熊。在罗英的带领下，大家走出树洞才看清楚那个黑妖熊，一双铜铃般大、闪着幽幽绿光的眼睛，身躯高耸如楼，全身黑漆漆长毛，柱子一样的四肢，铁锤一样的拳头。罗英拿起金扁担，走向黑妖熊。在乡亲们的帮助下，经过三天三夜的恶战，终于杀死了黑妖熊。

为了感谢古树救了全庄人的命，每年香会，乡亲们烧香祭拜这棵古树，祈福平安。后来，罗英在乡亲们的盛情挽留下，留在村庄里没走，办私塾教孩子们读书。族长老了，罗英接任族长位置，与乡亲们一起在这个世外桃源般的地方，过着宁静、幸福的生活。

古树能够保留下来着实不易。只要谈起此事，乡亲们总是唏嘘不已。在1958年大炼钢铁运动中，当时周围的树木都砍伐一空，就在有人举起斧头要砍九耙树的时候，被当时一名干部制止，他当时明确地说，砍其它的树都行，就是这棵古树不能砍。

2010年夏季的一天，乌云滚滚、电闪雷鸣，一道刺眼的闪电，一个震耳的响雷劈向九耙树。乡亲们的心都悬起来了，担忧九耙树的命运。雨停后，乡亲们看到九耙树完好无损，悬着的心才落下。但奇怪的事发生了，原本生长着一种蚂蚁，长期在九耙树上蛀洞，损害着九耙树的树干，一直让人感到头痛，技术人员采取多种防治措施均无效，暴风雨后，古树上的蚂蚁全部消失不见了。

历经了千年的沧桑，这棵古树至今郁郁葱葱，枝叶繁茂，它神奇的灵性更为之增加了神秘色彩，至今还留传"古树叶，古树丫，活菩萨"的名谣。这棵古树已成为双河乡一宝，不但吸引着远近慕名而来的游客，而且对研究当地的气候变化有着十分重要的作用。目前，双河乡政府以"建设生态文明，打造美丽双河"为契机，进一步提升乡村旅游和森林旅游品质，争取项目油化新春村弯里至九耙树纸厂沟的公路，进一步打造九耙树旅游景点，充分发挥九耙树旅游形象代言树的作用。同时，双河乡林业站也将积极争取县林业局的支持，修建必要的古树保护设施，加强对古树保护和监管，确保古树健康长寿，让古老而又年轻的古树造福当地百姓。

（撰文：姜雪梅；摄影：刘广权）

# 第八篇　当代人文

沙场逐夷武将军，身后遗愿国运兴。

代代追寻幸福梦，思祖念孙见真情。

该篇讲述发生在古树身上的现代人文故事，既把古树作为一种见证，反映我国解放战争和社会主义建设时期的各种艰难曲折，又把古树当作一种重要的资源，在旅游、人文、科研等方面发挥着重要作用。启示我们牢记历史，传承历史，不辱使命，为完成先辈未竟的事业，为当今中华民族的伟大复兴努力奋斗！

# 带伤的重阳木

【古树名称】湘潭重阳木

【基本情况】树种：重阳木 *Bischofia polycarpa*（大戟科秋枫属）；树龄500余年；树高22米；胸径1.2米；平均冠幅12米。

【生存现状】树叶碧绿，无枯叶，无虫害；偶有毒蛾侵食；树枝正常，无枯枝、死枝；冠形饱满，无缺损；树干生长正常，树根部有五分之一枯木；树身周围砌有护栏。

【保健措施】安排专人监测，发现病虫情，及时上报；在附近农户家专门配备了一台高压喷雾机，一旦发现病虫害能及时进行防治；对树基周围的杂草和杂物定期进行清理，严防病虫害的发生；对树桩周围定期添加新的土壤和施肥；在树桩周围修建了防护栏，防止机动车和人为因素对古树造成不良影响。

湘潭重阳木，位于湖南省湘潭市湘潭县黄荆坪村

毛泽东有一首词，里面有一句："岁岁重阳，今又重阳。"今年重阳节刚过我就到湖南湘潭来看一棵树，树名重阳木。开始听到这个名字我还以为是当地人的俗称。后来一查才知道这就是它的学名。大戟科，重阳木属。产长江以南，根深树大，冠如伞盖，木质坚硬，抗风、抗污能力极强，常被乡民膜拜为树神。能以它为标志命名为一个属种，可见这是一种很正规、很典型的树。湘潭是毛泽东的家乡，也是彭德怀的家乡，我曾去过多次，而这次却是专门为了这棵树，为了这棵重阳木。

这棵重阳木长在湘潭县黄荆坪村外的一条河旁，河名流叶河，从上游的隐山流下来的。隐山是湖湘学派的发源地，南宋时胡安国在这里创办"碧泉书院"，后逐渐发展成一个著名学派，出了周敦颐、王船山、曾国藩、左宗棠等不少名人。现隐山范围内还有左宗棠故居、周敦颐的濂溪书堂等文化景点。这条河从山里流出，进入平原的人烟稠密地带后，就五里一渡，八里一桥，碧浪轻轻，水波映人。而每座桥旁都会有一、两棵枝繁叶茂的大树，供人歇脚纳凉。我要找的这棵重阳木就在流叶桥旁，当地人叫它"元帅树"，和彭德怀元帅的一段逸事有关。

我们到达的时候已是午后，太阳西斜，远山在天边显出一个起伏的轮廓，深秋的田野上裸露着刚收割过的稻茬，垅间的秋菜在阳光下探出嫩绿的新叶。河边有农家新盖的屋舍，远处有冉冉的炊烟，四野茫茫，寥廓江天，目光所及，唯有这棵大树，十分高大，却又有一丝的孤独。这树出地之后，在两米多高处分为两股粗壮的主干，不即不离并行着一直向天空伸去，枝叶遮住了路边的半座楼房。由于岁月的浸蚀，树皮高低不平，树纹左右扭曲，如山川起伏，河流经地。我们想量一下它的周长，三个人走上前去伸开双臂，还是不能合拢。它伟岸的身躯有一种无可撼动的气势，而柔枝绿叶又披拂着，轻轻地垂下来，像是要亲吻大地。虽是深秋，树叶仍十分茂密，在斜阳中泛着粼粼的光。55年前，一个人们永远不会忘记的故事就发生在这棵树下。

1958年，那是共和国历史上的特殊年份，也是彭德怀心里最纠结不解的一年。还是在上年底，彭就发现报上出现了一个新名词："大跃进"。他不以为然，说跃进是质变，就算产量增加也不能叫跃进呀。转过年，1958年的2月18日，彭为《解放军报》写祝贺春节的稿子，就把秘书拟的"大跃进"全改成了"大发展"。而事有凑巧，同天《人民日报》发表毛泽东修改过的社论却在讲"促进生产大跃进"。也许从这时起，彭的头脑里就埋下了一粒疑问的种子。3月中央下发的正式文件说："这是一个社会主义的生产大跃进和文化大跃进的运动。接着中央在成都开会，毛泽东在会上的讲话意气风发、势如破竹。彭也被鼓舞得热血沸腾。5月北戴河会议通过《关于在农村建立人民公社的决议》，并要求各项工作大跃进，钢产量比上年要翻一番，彭也举手同意。会后的第二天他即到东北视察，很为沿途的跃进气氛所感动。他向部队讲话说："过去唱'起来，饥寒交迫的奴隶'，中国人民几千年饿肚子，今年解决了。今年钢产量1070万吨，明年2500万吨，'一天等于20年'，我是最近才相信这番话的。"10月他到甘肃视察，看到盲目搞大公社致使农民杀羊、杀驴，生产资料遭破坏，公社食堂大量浪费粮食，社员却吃不饱，又心生疑虑。回到北京，部队里有人要求成立公社，要求实行供给制。他说："这不行，部队是战斗组织，怎么能搞公社？不要把过去的军事共产主义和未来'各尽所能，按需分配'的共产主义分配混为一谈。"12月中央在武汉召开八届六中全会，说当年粮食产量已超万亿斤，彭说怕没有这么多吧，被人批评保守。他就这样在痛苦与疑惑中度过了1958年。

武汉会议一结束，彭没有回京，便到湖南作调查，他想家乡人总是能给他说些真话。湖南省委书记周小舟陪同调查，他介绍说全省建起5万个土高炉，能生火的不到一半，能出铁的更少。而为了炼铁，群众家里的铁锅都被收缴，大量砍伐树木，甚至拆房子、卸门窗。彭德怀没有住招待所，住在彭家围子自己的旧房子里。当天晚上乡亲们挤满了一屋子，七嘴八舌说社情。他最关心粮食产量的真假，听说有个生产队亩产过千斤，他立即同干部打着手电步行数里到田边察看。他蹲下身子拔起一蔸稻子，仔细数杆、数粒。他说："你们看，禾蔸这么小，杆子这么瘦，能上千斤？我小

时种田，一亩500，就是好禾呢。"他听说公社铁厂炼出640吨铁，就去看现场，算细账，说为了这一点铁，动用了全社的劳力，稻谷烂在地里，还砍伐了山林，这不合算。他去看公社办的学校，这里也在搞军事化，从一年级开始就全部住校。寒冬季节，门窗没有玻璃，狮子大张口，冷风飕飕直往屋里灌。孩子们住上下层的大通铺，睡稻草，尿床，满屋臭气。食堂吃不饱，学生们面有菜色。他说："小学生军事化，化不得呀！没有妈妈照顾要生病的。快开笼放雀，都让他们回去吧。"当天学生们就都回了家，高兴得如遇大赦。彭总这次回乡住了两个晚上一个白天，看了农田、铁场、学校、食堂、敬老院。他用筷子挑挑食堂的菜，没有油水。摸摸老人的床，没有褥子，眉头皱成了一团。他说："这怎么行，共产主义狂热症，不顾群众的死活。"那天，他从黄荆坪出来看见一群人正围着一棵大树，正熙熙攘攘，原来又是在砍树。他走上前说："这么好的树，长成这个样子不容易啊。你们舍得砍掉它？让它留下来在这桥边给过路人遮点阴凉不好吗。"这时大树的齐根处已被斧子砍进一道深沟，青色的树皮向外翻卷，木质部已被剁出一个深窝，雪白的木楂飞满一地。而在桥的另一头，一棵大槐树已被放倒。他心里一阵难受，像是在战场上，看到了流血倒地的士兵，紧绷着

嘴一句话也不说，便默默地上了车，接着前去韶山考察人民公社。周小舟见状连忙吩咐干部停止砍树。这天是1958年12月17日。

这个彭老总护树的故事，我大约三年前就已听说一直存在心里，这次才有缘到现场一看。这棵重阳木紧贴着石桥，桥边有一座房子，房主老人姓欧阳，当年他正在现场，讲述往事如在眼前。他印象最深的还是那句话：给老百姓留一点阴凉！我问那棵阻拦不及而被砍掉的古槐在什么位置，老人顺手往桥那边一指，桥外是路，路外是收割后的水田，一片空茫。我就去凭吊那座古桥，这是一座不知修于何年何月的老石桥，由于现代交通的发达，旁边早已另辟新路，它也被弃而不用，但石板仍还完好，桥正中留有一条独轮车辗出的深槽。石板经过无数脚步、车轮、还有岁月的打磨，光滑得像一面镜子，在夕阳中静静地沉思着。车辙里、栏杆底下簇拥着刚飘落的秋叶，这桥不在不停地收藏着新的记忆。我

蹲下身去，仔细察看树上当年留下的斧痕。这是一个方圆深浅都近一尺的树洞；可知那天彭总喝退刀斧时，这可怜的老树已被砍得有多深。我们知道，树木是通过表皮来输送营养和水分的，55年过去了，可以清晰地看到，树皮小心地裹护着树心，相濡以沫，一点一点地涂盖着木质上的斧痕，经年累月，这个洞在一圈一圈地缩小。现在虽已看不到裸露的伤口，但还是留下了一个凹陷着的碗口大的疤痕。疤痕成一个圆窝形，这令我想起在气象预告图上常见的海上风暴旋动的窝槽，又像是一个旧社会穷人卖身时被强按的红手印，似有风雨、哭喊、雷鸣回旋其中。55年的岁月也未能抚平它的伤痛。就像一只受伤的老虎，躲在山崖下独自舔着自己的伤口，这棵重阳木偎在石桥旁，靠树皮组织分泌的汁液，一滴一滴地填补着这个深可及骨的伤洞。我用手轻轻抚摸着洞口一圈圈干硬的树皮，摸着这些枯涩的皱摺，侧耳静听着历史的回声。

彭德怀湘潭调查之后，又回京忙他的军务。但大跃进的狂热，遍地冒烟的土高炉，田野里无人收割的稻谷、棉花，公社大食堂没有油水的饭菜，一幕一幕，在他的脑子里总是挥之不去。转过年，就是1959年，彭万没有想到这竟是他人生的转折之年，也是中国共产党命运的转折之年。其时大跃进、人民公社造成的经济败象已逐渐显露出来，这年7月中央在庐山召开会议准备纠左，彭根据他的调查据实给毛泽东写了一封信。他不知道，毛是绝不允许别人否定他的大跃进、人民公社的，于是雷霆震怒，就将他并支持他意见的黄克诚、张闻天、周小舟一起打成"彭、黄、张、周"反党集团。从此，党内高层噤若寒蝉，就再也听不到不同意见，党和毛的自我纠错能力也日弱一日，直到发生"文革"大难。彭德怀生性刚正不阿，又极认真。他罢官后被安置在北京郊外一处荒废的院子里，就自己开荒、积肥、种地，要验证那些亩产千斤、万斤的神话。1961年12月他再次向毛写信申请回乡调查。这又是一个寒冷的冬季，他回乡住了56天。经过58年的大砍伐，家乡举目四望，已几乎看不到一棵树。他对陪同人员说："你看山是光秃秃的，和尚脑壳没有毛。我二十三四岁时避难回家种田，推脚子车（独轮车）沿湘河到湘潭，一路树荫，都不用戴草帽。再长成以前那样的山林，恐怕要50年、80年也不成。现在农民盖房想找根木料都难。"他一共写了5个调查报告，其中有一个是专门在黄荆坪集市调查木料的价格。回京后他给家乡寄来四大箱子树种，嘱咐要想尽法子多种树。他念念不忘栽树、护树，是因为这树连着百姓的命根子啊。他虽是戎马一生，在炮火硝烟中滚爬，却是爱绿如命。抗日战争中，八路军总部设在山西武乡。山里人穷，春天以榆钱（榆树花）为食。彭就在总部门口栽了一棵榆树，现在已有参天之高，老乡呼之为"彭总榆"，成了永久的纪念。1949年，他率大军进军西北，驻于陕西白水县之仓颉庙外。庙中有"二龙戏珠"古柏一株。炊事班做饭无柴就爬上树将那颗"珠子"割下来烧了火。彭严肃批评并当即亲笔书写命令一道："全体指战员均须切实保护文物古迹，严格禁止攀折树木，不得随意破坏。"现这命令还刻在树下的石头上。彭总不忘百姓，百姓也不忘彭总。他的冤案昭雪之后，这棵重阳木就被当地群众称为"元帅树"，年年祭奠，四时养护。我在树旁看到农民刚砌好的一口井，上面也刻了"元帅井"三个字。而树下还有一块石碑，辨认字迹，是1998年有一个企业来领养这棵树，国家林业局还为此正式发了文，并作了档案记录。那年的树龄是490年，树高22米，胸径1.2米。又15年过去了，这树已过500大寿，更加高大壮实。彭总又回到了湘潭大地，回到了人民群众之中。

因为当年回乡调查是周小舟陪同，他在庐山上又支持彭的意见，也被罚同罪，归入反党。周也是湘潭人，他的故居离这棵重阳木只有二里地，我顺便又去拜谒。这是一座白墙黑瓦的小院，典型的湘中民居。周在这里度过了童年，后来到北方学习，参加革命，领导一二九运动，极有才华。因为到延安汇报工作，被毛泽东看中，便留下当了一年的秘书。后又南下，直到任湖南省委书记。毛泽东本是十分欣赏他的，1956年曾题辞说："你已经不是小舟了，你成了承载几千万人的大船。"可惜他和彭德怀一样，也是为民请命不顾命的人。庐山会议后，他一下子从省委书记贬为一个公社副书记。但他还是尽自己所能保护百姓。在那个非常时期中他的公社是最少饿肚子的。

看过这棵重阳木的当晚，我夜宿韶山，窗外就是毛泽东塑像广场，月光如水，"共产党最好，毛主席最亲"的老歌旋律在夜空中轻轻飘荡。我清理着白天的笔记和照片，很为毛未能听取彭、周的逆耳忠言而遗憾。周曾是他的秘书，而彭从长征到抗美援朝，也是他很倚重的人，毛曾有诗："谁敢横刀立马，唯我彭大将军"，但终因政见不合，自损大将，自折手足。谁能想到三个曾经出生入死的战友、忠诚共事的同志、不出百里的老乡，在庐山上面对自己家乡的同一堆调查材料，却得出不同的结论，翻脸为仇，指为"反党"。这真是一场悲剧。周在1962年12月25日，毛生日的前夜去世，疑为自杀。而直到1965年，毛才重新启用彭，并说："也许真理在你那边。"但这一点友谊和真理的回光又很快被第二年开始的文化大革命的狂潮所吞灭。现在毛、彭、周三人都早已作古。"岁岁重阳，今又重阳"，人们年复一年地讲述着重阳木的故事，三个战友和老乡却再也不能重聚。这棵重阳木却不管寒往暑来，风吹雨打，还在一圈一圈地画着自己的年轮。我想，随着岁月的流逝，中国大地上如果要寻找58、59那场灾难的活着的记忆，就只有这棵重阳木了，而且这记忆还在与日俱长，并随着尘埃的落定日见清晰，它是一部活着的史书。作为自然生命的树木却能为人类书写人文记录，这真是万物有灵，天人合一。它还会超出我们生命的十倍、百倍，继续书写下去。半个多世纪后，当人们再来树下凭吊时，也许那伤口已经平复，但总还会留下一个疤痕。树木无言，无论功过是非，它总是在默默地记录历史。正是：

> 元帅一怒为古树，喝断斧钺放生路。
> 忍看四野青烟起，农夫炼钢田禾枯。
> 谏书一封庐山去，烟云缈缈人不复。
> 唯留正气在人间，顶天立地重阳木。

（撰文：梁衡；摄影：潘布阳）

# 玉树临风姊妹松

【古树名称】泰山姊妹松

【基本情况】树种：油松 *Pinus tabulaeformis*（松科松属）；共2株，树龄600多年，东南一株树高6.3米，胸径0.49米，冠幅8.8米×9.85米；西北一株树高5.5米，胸径0.38米，冠幅6.9米×5.4米。

【生存现状】整体生长良好，有个别小枯枝。

【保健措施】修补古树树洞，在树冠投影外不影响景观的外围地带设立围栏，防止游客照相时攀爬踩踏树体树根。在另一面采取钢管仿生支撑，防止因大风、暴雨、暴雪导致古树倾倒、折断，用自然石随坡就势砌树穴护根、填埋松针腐殖土复壮，安装高清摄像头，实现24小时全天候监控。

泰山姊妹松位于泰山后石坞青云庵西北角的半山崖上，两棵并立的松树，树高、胸围近似，郁郁葱葱，枝繁叶茂，而且树冠向着同一方向平伸，一在东南，一在西北，并肩生长，亭亭玉立，枝叶挽手连臂，虽有600多年的树龄，却仍如少女青丝互摩相吻，恰似一对亲姊妹，故得誉名"姊妹松"。

1988年，原中共中央总书记胡耀邦来泰山考察时慨然提笔，写下"泰山姊妹松"五个大字。此后，泰山姊妹松更

泰山姊妹松，位于泰山后石坞青云庵西北角的半山崖上

泰山姊妹松

加声名远播。九九版（第五版）人民币五元纸币的背面，能找到她挺立在泰山壁立千仞悬崖之上，婷婷玉立，风姿卓越的倩影，说她名满天下毫不为过。范曾先生诗曰："宛约风姿少女身，纷纷风雨入年轮，青松不老人寻遍，已逝花容有泪痕。"

泰山姊妹松是印在人民币上的古树。1999年版的第五套人民币五元券背面的"泰山雄姿图"是由我国著名山水画大师李叔平先生设计的。整个图案由姊妹松、"五岳独尊"石刻、泰山主峰玉皇顶、十八盘、南天门、旭日东升、云海玉盘等多个场景组合在一起的。那么，为什么要把泰山印在第五版人民币五元纸币上，而不是其他面额的人民币上呢？

"五"代表五行，意味着物质的运行与生克规律，金木水火土，为天地万物之宗，素有"天地之气各有五""五居其腹"的说法。古人还认为9个数字中，"九"为最高，"五"居正中，"九"和"五"象征帝王的权威，称之为"九五之尊"。"五谷丰登""五子登科""五福同寿"等美好词语也是脍炙人口。

东岳泰山，位于山东泰安，为"五岳"之首，东望黄海，西襟黄河，汶水环绕，前瞻圣城曲阜，背依泉城济南，以拔地通天之势雄峙于东方。她是中华民族的精神象征，华夏历史文化的缩影，是中国最受尊敬的大山，承载着数千年中华精神和传统文化，被视为崇高、神圣的象征，被称为"中华国山"，享有"五岳独尊"的地位。

说起姊妹松，还有一个流传民间的传说。从前，泰山山后有个恶霸，横行乡里，欺压百姓。恶霸家的佃户马老大，有一对黄花闺女，年方二八。姊妹俩虽说生在穷家，自幼丧母，却长得如花似玉，乡里乡亲都夸她们像两只金凤凰。恶霸虽年过花甲，早就惦记上马家姊妹了。这一天，恶霸对马老大说："我给你家两个闺女找了个婆家，这门亲戚和我一样，家产万贯，她们嫁过去有享不尽的荣华富贵。你看如何呢？"马老大看他心怀鬼胎，连忙说："谢谢东家的好意，我早就把闺女许给人家了。"恶霸一听就向马老大吼道："你这俩闺女我是要定了，明天早晨就拜堂成亲。"

马老大火烧火燎地赶回家里，把事情原委告诉了闺女，说完父女三人抱头痛哭。晚上，他们商量了对策，直奔后石坞青云庵，让俩闺女出家。早有细探报告了恶霸，他带上家丁喽罗，打上火把，一路赶上山来。马老大年老体弱，被恶霸的人抓住了，他们押上马老大，一路向青云庵奔去。庵里的几个尼姑，得知马家姊妹的遭遇后，都很同情，便让她们偷偷从后门逃了出来。姊妹俩一路跌跌撞撞，跑着跑着，前面出现了一道千丈悬崖，眼看恶霸家丁从后面追了上来，马家姊妹便拉起手，跳了崖。

后来，在姊妹俩跳崖的地方，并排长了两棵松树，枝枝连理，叶叶交通，好像手挽着手一样，人们便给它取了个很形象的名字叫"姊妹松"。

姊妹松以其玉树临风的倩影，与"五岳独尊"刻石等景观出现在第五版人民币的版面主要位置也就理所当然了。这也是迄今为止唯一出现在我国钱币上的古树，也体现了泰山和泰山古树名木的重要地位。

（撰文、摄影：申卫星）

# 元帅与红军树

---

【古树名称】开县黄葛树

【基本情况】树种：黄葛树 *Ficus virens*（桑科榕属）；树龄200年以上；树高16.8米；胸径1.85米；平均冠幅25.3米。

【生存现状】黄葛树生命力强盛，树根发达露于地表，紧贴于地，树干苍劲，冠如华盖，枝叶茂盛，总是老叶未掉、新芽又发，生机蓬勃。未发生严重病虫害。

【保健措施】常年开展监测，将此树作为县森防站监测点，观察是否有病虫危害，做好记录，发现病虫情，及时除治；灯诱监测，成虫期间，利用趋光性悬挂白炽灯开展诱捕监测；采取浇水、施肥、松土等措施，保证树木生长养分和地面透水透气。

　　刘伯承故居坐落在重庆开县赵家镇周都村风光旖旎的小华山一台地沈家湾。这里坐南朝北，依山傍水，翠竹环抱，东看青狮寨，西观"刘帅故里大桥"；榕树参天，地貌特异，传说颇多。故居门前的浦里河沿山脚缓缓流过，直通长江；遥望对面云雾飘浮酷似睡佛的山岭；往故居后山看去，山腰像一把座椅，椅前的一台地名曰"点将台"，可俯瞰河边农贸兴旺的赵家镇。

　　刘伯承故居右侧约200米远的"点将台"一带，挺立着

开县黄葛树，位于重庆市开县赵家镇周都村沈家湾刘伯承故居内

五棵冠如华盖的黄葛树，唯独点将台处这棵最显眼醒目，给人以美感。这棵黄葛树树根发达露于地表，紧贴于地，树干苍劲，终年翠绿，枝叶茂盛，生机蓬勃。树下立有一5米高的碑，上书"刘伯承故里"五个大字。距树近9米处塑有通高6米的刘伯承身着戎装、足跨战马的铜像，铜像座上书"刘伯承元帅像"。

　　黄葛树在佛经里被称之为神圣的菩提树。旧时风俗，在我国西南一带，黄葛树只能在寺庙、公共场合才能种植，家庭很少种植。刘帅故居的黄葛树，传说是上天派来镇守凡间"点将台"这块灵地的守护神，使一个个对此垂涎三尺的妖魔鬼怪不得不远而避之。

　　少年刘伯承夏日中午爱在这儿看书，傍晚，乡亲们在此乘凉，常邀请他来摆《三国》《水浒》的龙门阵。在树旁有一条溪流，溪流旁是直通山下河边渡口的石板路。在刘伯承辍学回家，帮母亲撑持家庭时，他上街挑粪，去南山挑煤，回来爬坡到这条长长的石梯，便一定会在黄葛树下歇脚，喝一口冬暖夏凉的泉水，摘下几片又酸又甜的黄葛树嫩芽，仿佛一下子便赶走了浑身的疲惫。他精于习武，在"点将台"看对岸的赵家场，将稻田里的一束束稻草拟为士兵进行演练，借以磨砺自己。

　　黄葛树的生命力强盛，树枝总是老叶未掉、新芽又发，毅力顽强，把根深深扎于土壤里、石缝中。在黄葛树下长大的刘伯承具备了黄葛树的品格。他扎根于人民群众中，用毕生精力，为劳苦大众的翻身解放，出生入死，奋斗不息。刘帅在病中还念念不忘家乡山、家乡水，还有家乡的黄葛树。刘帅钟爱的女儿雁翎在安葬父亲骨灰魂归故里时讲了一段

话："爸爸，我们听您说过：家乡有一种黄葛树，生命力强，根深叶茂。您早年丧父，全家靠您种田和挑煤为生，每到黄昏，奶奶总是站在黄葛树下等待着您挑重担归来。您后来投身革命，也是站在黄葛树下，告别亲人，踏上征途的。爸爸，让大哥、小弟和我，在您旧居的门口种两棵吧。天寒，它可以遮雨挡风；天热，它可以避暑纳凉。若干年后它将和家乡茂密葱郁的黄葛树融成一片，那粗壮苍劲的枝干，托起蓝天。"

现今，刘伯承故居五棵黄葛树的树冠几乎覆盖了方圆两亩地，"点将台"黄葛树景点已成为红色旅游线景区的亮丽景观。

（撰文：秦地祥；摄影：龚益生）

# 满树尽带黄金甲

【古树名称】五云山银杏

【基本情况】树种：银杏 *Ginkgo biloba*（银杏科银杏属）；树龄1500年；树高16米；胸径2.6米；冠幅20米×17米。

【生存现状】20世纪70年代，老银杏曾遭遇火灾，有三分之一的树干被严重烧毁；树干空洞，北侧树冠偏冠严重，重心不稳，用钢铁支架支撑；目前病虫害比较少，老银杏生长潜在隐患主要是大风雷雨天气、新萌条过多减弱主干树体树势以及烧香祈福等人为行为。

【保健措施】该树是钱江管理处重点保护的古树，由管理部门指定园林班组负责日常监测，加强日常保护工作：设置古树护栏，防止香客在树下烧香祈福可能引发的火灾；定时喷施营养液，提高土壤肥力，及时梳理生长过旺的萌条，确保主干正常生长；做好避雷防护工作，安装防雷装置；在高温干旱、台风特殊天气时，做好补水、巩固支撑和修剪疏空等防护工作；定期监测病虫害，及时开展防治。

公元500～600年间，一株小小银杏苗悄悄伸展枝丫，经历了将尽1500个寒暑变化，如今，它不仅是杭州市现存最古老的银杏树，也是杭州市年纪最大的古树。

这棵老银杏，没有生长在喧嚣繁闹的都市中，也没有生长在长盛不衰的宫殿寺庙旁，而是静静地守护在五云山顶上，看西湖沧桑变化，看钱塘江潮涨潮落。这棵银杏就在西湖群山中的第三座大山，海拔347米的五云山真际寺大殿遗址前。

五云山银杏，位于浙江省杭州市五云山山顶真际寺大殿遗址前

五云山，虽不高，却是极陡。1955年，毛泽东第二次登五云山时曾即兴赋诗一首，《七绝·五云山》："五云山上五云飞，远接群峰近拂堤。若问杭州何处好，此中听得野莺啼。"可见五云山的知名。登上五云山山顶，一棵大树赫然立于眼前，这就是老银杏了。其树干周边有铁栅栏围护，前面立着古树名木石碑。据1984年杭州市古树名木档案记载，这棵树估测年龄就有1410年。如今，经历了将近1500年的风风雨雨，老银杏胸径已达2.6米，大过12座的圆台面；主干中空，可容纳两人并立；树高近16米，枝干遒劲，南北冠幅20米，东西冠幅17米。每年秋天，仅这棵树的落叶面积，就足足可以开一场20桌的婚宴。大树基部四周萌发出许多大小枝干，最粗的萌枝胸径也有20厘米以上，极似"子孙满堂"。即使经历了近十多个世纪变化，老银杏依然健壮。春天，拳拳绿叶展出新绿；夏时，翠叶满枝，满目葱翠；秋天，一树金灿，满树尽带黄金甲；冬时，伴着风雪傲然屹立于天地中。

老银杏吸引了不少慕名而来的游客，有些杭州市民更是一年登山两次，就像是不成文的约定。为做好老银杏的保护工作，管理部门不断别出心裁，加强宣传，让更多的人感受老银杏的魅力，从而树立保护老银杏的意识。如举办"'银'得芳心，相'杏'爱情"活动，在老银杏最美的秋季，管理部门邀请情侣们登五云山，寻银杏王，在千年银杏下，许下心语心愿；在老银杏见证下，将对彼此的承诺装进许愿瓶，并把甜蜜的合影定格在秋天的金黄里。另外管理部门和钱江晚报联合发起为老银杏起名的活动，不少读者

纷纷来信或微博回应，起的名字不胜枚举。有以老银杏的地理位置取名，如"独霸五云山一千五百年，阅历深，资格老，叫'五云庄主'吧！"；"老银杏长在五云山上，寿命比彭祖还长，像仙翁一样，不如叫'五云仙翁'。"有紧跟时代潮流的，比如"老银"，既表现了老银杏的年龄很老，又说明它像人一样充满灵性，是不是很生动形象？也有不少诙谐幽默派的，如"银角大王""1500兆的折扇""土地老儿"等，估计都是西游迷。还有读者看老银杏被许多小银杏包围着，提议不如叫"四世同堂"。另外还有"杏福千年""树爷爷""杭州

之根""南天柱""信（杏）仰树"等等，不一而足。

如今，建于北宋时期的真际寺只剩下一座牌坊可觅踪影，但老银杏却依旧屹立于五云山顶。它见证了真际寺的兴起、重建与改造，也默默承载着芸芸众生不变的祈福。老银杏旁边还有三株不超过300岁的沙朴和珊瑚朴古树，更增添了老银杏的魅力。登上山顶，远离了都市的喧嚣，坐在老银杏树下，吸一口清新的山风，滋润激越的心肺；品一杯幽远的香茗，洗涤尘俗的烦恼，那是何等惬意的人生美事。

（撰文：杭州市园文局钱江管理处园林科供稿；摄影：赵红梅）

# 中国杉王

【古树名称】习水杉树

【基本情况】树种：杉树 Cunninghamia lanceolata（杉科杉木属）；树龄800多年；树高44.8米；胸径2.38米；平均冠幅21米。

【生存现状】古树周围有群众居住，来往人员多，管理困难，没有形成规范化的旅游管理体系，严重影响了对古树的保护。曾于2008年遭受雷击，造成树梢干枯，县政府投入20余万元进行保健复壮。

【保健措施】投入资金，将在古树周围100米范围内的田土予以征用，并在田土中栽植绿化树种。减少人为干预，给古树营造良好的生长环境。加强监测，发现病虫及时除治。

习水杉树，位于贵州省遵义市习水县东皇镇太平村正坝

享誉国内外的中国杉王，巍然屹立在贵州省习水县东皇镇太平村红星组，距习水县城7公里。它，经风雨、见世面，已经800多个春秋了。

据《习水县志》和《习水袁氏家谱》记载：南宋年间（公元1204年），宋军赴黔"平蛮"，一名叫袁世盟的将领率兵屯田于太平坝栽下此杉。相传1935年，红军长征途经此地，伟人周恩来观赏此杉曾称赞道："这么大的一棵杉树，可称得上是全国杉王！"1976年，经南京林学院的专家教授考证后认定："它是迄今为止国内发现的最大杉树"，故命名为"中国杉王"。

在800余年的悠悠岁月中，中国杉王长期受到病害、虫害、雷击、以及风霜雪雨的侵袭，部分枝叶不断老化，抵抗病虫危害的能力逐渐衰减。树冠上出现了枝枯病、叶枯病、黄化病。树干上出现腐烂、空洞、白蚁等昆虫危害。根部出现腐烂和萎缩。特别是1994年夏天，中国杉王连续遭受强烈雷击，引起顶梢燃烧，经习水县消防队员的及时扑救而得以幸存。这次因雷击而引起的火灾，导致了中国杉王5米多长的顶梢干枯，同时引起整株树木的枝叶逐渐老化枯黄。到2006年，杉王的整个树冠发黄，枯黄的枝叶已达50％左右。这一严酷现实，立即引起了当地老百姓和社会各界的强烈反响！同时也引起了习水县人民政府、遵义市人民政府以及贵州省林业厅的高度重视。

2007年2月，遵义市林业局派出专家组前往调查。经过认真详细的调查与诊断，写出了《中国杉王病情调查报告》，然后又编制了《中国杉王复壮综合救治技术实施方案》和《中国杉王复壮综合救治技术研究方案》，经习水县人民政府、遵义市林业局、习水县林业局共同论证通过后，省、

市、县共拨专项保护与救治经费16万元。2007年5月，正式启动了中国杉王复壮综合救治技术工程。

经过四年的综合技术救治与研究后，中国杉王焕然一新，其救治效果特别显著，王者气度重新展示！经遵义市科技局组织贵州大学、贵州林校等有关专家现场鉴定为：《中国杉王复壮综合技术研究》成果在全国同类研究中尚属首创，居国内领先水平。

由于《中国杉王复壮综合技术研究》成果，具有重要的现实意义和广泛的推广与应用价值，该成果获得遵义市科学技术进步奖。

想当初，一个袁氏古人，栽下一株小小的杉苗，经过800余年的风风雨雨，成为一棵参天古树！而今日，这棵参天古树成为具有对古生物、古气候、以及人文地理考古和研究价值的中国杉王！为后人带来巨大财富和具有观赏价值的古树名木，成为习水县的标志性物体！

一棵中国杉王，解决了8个人的就业。一棵中国杉王，每年吸引了慕名而来的天下游客7万多人次。一棵中国杉王，每年带来的门票直接经济收入达15万元，带来的其它间接收入达600余万元，带来的其它价值则无以估量！真正印证了"前人栽树，后人乘凉"的道理。

天安门是中国的象征！遵义会址是遵义的象征！中国杉王是习水县的象征！

现在，中国杉王已成为习水县的标志性物体与象征，同时也是袁氏家族兴旺发达的象征，已成为当地老百姓心目中一棵不可侵犯的神树！

（撰文：李碧春；摄影：夏昌新）

# 红军铁坚杉

【古树名称】达州铁坚杉

【基本情况】树种：杉树 *Keteleeria davidiana*（松科油杉属）；树龄约500年；树高45米；胸径1米；冠幅12米×12米。

【生存现状】无明显枯枝、枯叶、焦黄叶，冠形饱满，无缺损，未发现严重病虫害。总体生长状况良好，长势旺盛。

【保健措施】每年对古树周围土壤翻新、杀毒、施肥，改善生存环境；开展病虫害监测，及时施药防治；采取其它综合复壮措施，保护古树健康生长。

1934年夏季，坚守在万源主战场的红四方面军40个团、8万多指战员，在徐向前、李先念等指挥下，进行了两个多月的浴血奋战，粉碎了国民党军队140多个团、26万余人的围攻，共歼敌6万多人，俘敌2万多人，取得红四方面军战史上最辉煌的胜利，成为红四方面军反"六路围攻"中具有决定性作用的关键一战。

玄祖殿是万源保卫战的主战场之一，原名钟南山，位于万源市西南约10公里处的太平镇牛卯坪村，因山顶大庙叫玄祖殿而得名。1933年10月，红四方面军十二师一部奉命坚守玄祖殿。徐向前等决定将指挥所设在半山腰的蒋家院子。指挥所旁有一株铁坚杉，当年徐向前总指挥曾在树下拴过战马。这株铁坚杉曾经历过中国解放战争中的重要战役。80年过去了，玄祖殿战役指挥所尚存，这株见证过中国革命悲壮一页的铁坚杉依然郁郁葱葱。（撰文：朗国勇；摄影：林森）

达州铁坚杉，位于四川省达州市万源太平镇牛卯坪村

# 古柳·风情

【古树名称】喀什柳树

**【基本情况】**树种：柳树 *Salix sp*（杨柳科柳属）；树龄2100年；树高20米；胸径2.88米；冠幅占地1.2亩。

**【生存现状】**主要病虫害有春尺蠖。

**【保健措施】**发现病虫害采用综合防治方法，尽量选用人工、物理防治措施，如布设杀虫灯、设置饵木、涂粘虫胶、悬挂黄板；采取施肥换土、挖复壮沟等手段，改变地下根系生长不利的环境，使其多萌发新根，促进根系发育；采取病虫害预防、浇水、整枝修剪等一系列的常规养护措施。

在塔克拉玛干沙漠边缘，以干旱缺水著称的新疆喀什地区岳普湖县巴依阿瓦提乡，生长着一棵"千年柳树王"。其实，称它"一棵树"已不确切，与"胡杨王"巍然独立迥然不同，柳树王树干匍匐在地，如卧龙，如游蛇，盘根错节，起伏延绵，已经形成一大片情态各异的一群树、一片林。柳树横根地上，根根相盘；又枝于地，枝枝相衔；展叶天际，叶叶相盖何田田，树下仰目视天，只见驳驳光影随风忽闪；此树王叶片阔大，异于常柳，伟岸如一位入定千年的老僧。树前有溪，溪中有鱼，溪边垂钓，悠然见树。地面上龙飞蛇舞，已分不清哪是主根主干，哪是次根次干，但不管横卧还是斜躺，它们都竭力把无数的绿枝翠叶送上蓝天。"柳树王"与它的"皇亲国戚"们共同擎起一把绿色的巨伞，形成郁郁葱葱、占地一亩多的"柳树王国"。听说他们已有两千余年的历史，令人肃然起敬。

## 现状·发掘

1990年，岳普湖县将这棵古柳确定为县级保护文物。当时岳普湖县文物管理所和喀什文物局、岳普湖县土地局的工作人员一起来到古柳前，看到树的叶子都干了，大家都以为树已枯死，但还是确定其为县级保护文物，还围了院墙。等到春夏，这棵柳树却再次变得枝繁叶茂，很是漂亮。因此县委、县政府安排专人看护此树，并指定县林业局负责古柳的日常管护及病虫害防治等工作。正是通过多年来各部门的精心管护，古柳重新萌发生机，枝繁叶茂。

2011年5月，岳普湖县政府开始为这棵古树准备吉尼斯之最申报资料。其中"第一步就是要确定树的年龄"，因为

喀什柳树，位于新疆喀什地区岳普湖县巴依阿瓦提乡

柳树的主干已中空，无法运用年轮来测算年龄，县政府邀来专家评测。经过相关专家认定，千年古柳为旱柳，树高20米，地径2.88米，分7个侧枝，冠幅占地1.2亩，和两个篮球场差不多大。据"树龄与胸径之关系测算"公式推算，还有其它枝干年轮和史料相关记载等数据印证，估算出此树树龄约为2100年。2011年12月，这棵古柳获得上海大世界吉尼斯总部批准，颁发大世界吉尼斯之最"树龄最长的柳树"证书。

## 传说·人文

这棵树还有一个美丽的传说。相传1500年前，一位巴基斯坦商人到古城楼兰经商，路过此地时饥渴、疲惫，决定休息片刻。他把手中的拐杖插在地上，依仗而坐，不知不觉就睡着了。一觉醒来，惊讶地发现自己的手杖变成了一棵柳树。这棵柳树暗助他生意兴旺、经商发财。后来，人们不管是出远门还是去经商，都要在此树前跪拜祈祷，誉为之"神仙树""发财树"。

多年来，出远门或者路过此地的人，都会在这棵树上绑上彩色的布条，自我鼓气，祝愿平安归来。

## 起源·探寻

为什么这棵柳树能在沙漠边缘存活上千年？因为古树的一旁有一条四季不断流的渠道，这条渠也存在了上千年，水源来自叶尔羌河，它不仅浇灌着千年柳树王，同时养育了大量富饶的土地。

中国科学院新疆生态与地理研究所研究员尹林克分析，

树木只要有水源等生长条件，就没有绝对的寿命。因为柳树为无性繁殖，扦插可以繁殖存活，他认为"千年柳树王"的主干断了之后，落到附近的泥土里，再加上附近水源的持续供养，便一直存活至今。就像位于阿克苏地区温宿县神木园里的众多古树一样。

## 规划·建设

岳普湖县实施旅游带县战略，站在全局和战略高度重新定位谋划推进旅游特色化。制定《关于推进岳普湖县旅游业跨越式发展的实施意见》，抓紧编制景区修建性详规，全方位做大旅游业。把发展特色旅游业作为富民产业来抓，用旅游业拉动当地宾馆、餐饮等三产快速发展。提出"做大旅游线、做精旅游点、办好旅游节、做强旅游面"的发展思路，以"沙水相连、世间少有"为主题，打造"特色旅游品牌"，强力向外推介达瓦昆沙漠旅游风景区；整合旅游资源，以千年柳树王→四十二团军垦文化→千年胡杨王→塔吉克阿巴提镇民俗风情村→姜英爱国主义教育基地→新疆小岗村等突出自然风光、民俗风情、历史文化的精品生态文化旅游线路，辅以农家乐、牧家乐，农业、工业观光游等特色优势旅游产业链。2011年年底，达瓦昆沙漠旅游风景区升为国家4A级景区，被评为"全国休闲农业和乡村旅游示范点"；千年柳树王获得上海大世界吉尼斯之最"树龄最长的柳树2100岁"。

2013年结合水利工程建设和景区发展，扩大湖水面积，使达瓦昆湖具有沙水相连的独特风景和缓解旱情、改善自然生态"一湖两用"的功能。结合达瓦昆公主传说与亚嘎其阿依旺遗址，在景区内建设古堡、栈桥、美食园、湖心岛等旅游景点和服务设施；打造百柳生态园，把千年柳树王建设成为集科普、旅游、文化为一体的国家3A级景区，投资942万元完成"千年柳树王"景点大门、停车场、展馆等基础设施建设；并完成长寿路（达瓦昆沙漠旅游风景区至千年柳树王景区5.8公里柏油路）铺设任务及附属设施的建设。

## 成果·展望

岳普湖不断加大宣传力度，重点推介、巩固"中国沙漠风光旅游之乡"品牌，2011～2013年，借助喀交会这个平台，先后成功举办了三届"达瓦昆沙漠风光旅游节"，扩大知名度和影响力。2011年，接待各类游客近8万人次，超过了"十一五"末旅游接待人数总和；2012年接待游客30.2万人（次），实现旅游综合收入7647万元；2013年接待游客38.5万人次，旅游综合收入9700万元。国家4A级景区、中国

水利风景区、百柳生态园都是岳普湖发展特色旅游业的最好诠释；离国家5A级风景区建设只有一步之遥，已成为名符其实的喀什乃至新疆旅游的"后花园"。

展望未来，岳普湖县坚定不移狠抓"旅游带县"这一目标，把旅游产业作为朝阳产业来发展，依托岳普湖得天独厚、全国少有的沙漠风光旅游资源，以创建国家5A级景区为目标，提升改造达瓦昆景区的升级工作，不断加大投入力度，丰富达瓦昆的文化内涵与基础设施建设，深入挖掘达瓦昆的传奇故事，打造独具特色的"古城堡"、环湖路，将千年柳树王、胡杨王的传奇进行深度演绎，将达瓦昆沙漠旅游风景区打造成为新疆、南疆旅游业发展的重要组成部分，真正成为塔克拉玛干沙漠生态体验旅游重地、新疆维吾尔族文化风情游知名地、丝绸之路旅游线上的特种旅游目的地。

（撰文：毛力；摄影：努力曼姑·那买提）

# 佛国神树

【古树名称】普陀鹅耳枥

【基本情况】树种：鹅耳枥 *Carpinus putoensis*（桦木科鹅耳枥属）；树龄200年；树高13.5米；胸径0.7米；冠幅8米×9米。

【生存现状】母株生长情况良好，移植到绿地的幼树发现蛀干害虫为害。

【保健措施】切除腐朽部分，消毒后堵塞洞穴，防止病菌蔓延；保护好母树周围植物，保护母树与保护生境相结合；在大树树冠下栽植草本地被植物。

普陀鹅耳枥，位于浙江省舟山市普陀区普陀山佛顶山西北坡

普陀山，中国四大佛教名山之一，观世音菩萨教化众生的道场，素有"海天佛国""南海圣境"之称。除了香火鼎盛，普陀山还有着丰富的历史文化遗产，其中以"普陀三宝"最为著名，包括元代古塔多宝塔、摹刻了唐代画家阎立本所绘观音大士像的杨枝观音碑、以明代皇宫琉璃瓦和九龙藻井拆建而成的九龙殿，都是国家一级文物，重点文物保护单位。这三宝都和佛教有关，第四宝就是普陀鹅耳枥。

普陀鹅耳枥，一株树龄两百多年的古树，从外表看起来朴实无华、貌不惊人。如果不经提醒，人们可能都不会注意它的存在。但是，在植物学界，这株树却是一个传奇发现。1930年5月份的时候，我国近代著名植物分类学家钟观光先生在普陀山发现了这一物种，并采了标本。1932年，经我国著名的林学家郑万钧教授鉴定为新发现树种，定名为"普陀鹅耳枥"，随即发表在中国科学社生物研究所论文集第八卷植物组第一号，从此"普陀鹅耳枥"名闻天下。

从命名的那一刻起，普陀鹅耳枥就进入了中国一级保护植物之列，它的来历也成为一个焦点问题，是本土树种？还是外来移民？普陀山当地流传着这样一个说法：清代嘉庆年间，一位缅甸僧人来普陀山求法，并把随身带来的种子种在佛顶山慧济寺的门外，于是就有了这株普陀鹅耳枥。因为在这株鹅耳枥生活的年代，恰恰是普陀山佛教发展的一个黄金时期、鼎盛阶段。所以普陀山与南亚、东亚、东南亚大部分国家的交往非常频繁，出家人从缅甸来、从南亚那边来携带树种到山上种植也是可以理解的。基于这个传说，人们又在缅甸和尼泊尔等南亚国家寻找过这个树种，结果一无所获。现世界上自然状态下仅存普陀山一株，成为旷世珍宝。

后来植物学家分析发现，普陀鹅耳枥之所以踪迹难寻，是因为它的自然繁殖能力非常弱。由于很难独立繁育后代，两百多年间，这棵普陀鹅耳枥如同一个孤独王者，屹立在普陀山的制高点——佛顶山上，它不仅见证了普陀山四季晨昏，风霜雨雪，也在寺院的晨钟暮鼓、鱼磬梵唱中尽享佛缘，久而久之，竟然出现一个奇特的现象，普陀鹅耳枥的枝叶全部朝着慧济寺大雄宝殿的方向倾斜。如果是因为植物的趋光性，或者强风导致，那么其它植物也应该这么倾斜生长呀！可是都没有，只有它。所以树也有灵，不然怎么会保护这么好，生长这么多年呢！

无论是文化意义，还是植物学价值，保护这株普陀鹅耳枥，帮助它繁育后代，早已成为亟待破解的难题。事实上，从20世纪70年代末80年代初，林业工作者就已经开始进行普陀鹅耳枥的人工繁育实验。经过30多年的努力，克服了重重困难，人们终于掌握了人工育种、扦插、组织培养等多种手段的新苗繁育方法。目前，人工培育的普陀鹅耳枥种苗已经超过上万株。在佛顶山的山顶，早已栽植了普陀鹅耳枥古树的第一代子树79株，树龄也有30多年了。在母树的周围又扩大了一些数量，叫做自然回归，这样就能尽量创造跟它母树同样的这个生态环境，更有利于保存它那个遗传基因。

2011年9月29日，天宫一号目标飞行器升空。在这次"太空旅行"中，普陀鹅耳枥的种子也被带入太空，科学家们希望通过太空特殊环境的诱变作用，使树种发生"变异"，从而提高植物的繁育能力。

无论是太空育种试验，还是人们业已完成的科学攻关，都是为了挽救普陀鹅耳枥这一濒危物种，让它继续留存在地球上。但是，真正帮助一个物种脱离濒危的状态，却需要几代人的努力，历经一个漫长的过程。作为唯一的野生母树，值得安慰的是，它已经不再孤独，而成为到普陀山旅游的香客们必定朝拜的一个人文景点，即普陀鹅耳枥母树巴。这里既有古树介绍，又有环保主题色彩浓郁的浮雕宣传挡土墙展示。普陀山导游解说词中有一个"夫妻树"的说法，因古树主干下部被土层掩埋，分叉后的二个主干露出地面，一粗一细，看似二株古树紧紧相拥，不离不弃，"夫妻树"由此而得名。寄托了人们美好理想的"拜夫妻树，结百年好合"的说法也应运而生，让这株朴实无华、与世无争的古树也披上了一层瑰丽的人文色彩。

（撰文：郑晓寒；摄影：周伟平）

# 大榕树下的爱情

【古树名称】阳朔大榕树

**【基本情况】**树种：榕树 *Ficus microcarpa*（桑科榕属）；树龄约1500年；树高17米；胸径7.05米；冠幅占地2亩。

**【生存现状】**树叶翠绿，无明显枯叶、焦黄叶；树枝正常，无枯枝、死枝；无红蜘蛛、蓟马、煤烟病等病虫危害，生长状况良好，树势旺盛。

**【保健措施】**定期开展监测，观察是否有病虫危害，做好记录，发现病虫情，及时上报；及时施肥培土，保证树木生长的营养需要；合理控制游客人流量，特别是树冠滴水线范围内禁止人员随意进入。

桂林阳朔县十里画廊景区是世界岩溶喀斯特地貌峰林峰丛最集中、最典型、最有代表性的地方。景区内如诗如画般的山水田园风光和丰富的壮族民俗文化闻名天下。景区内吸引人们眼球的另一道独特风景就是阳朔大榕树。

相传这棵榕树植于隋朝，已经有1500多年历史，虽然树干老态龙钟，盘根错节，但仍然生机勃勃、枝繁叶茂、浓荫蔽日，所盖之地有一百多平方米，远望似一把绿色巨伞撑立地上。

风靡中国及东南亚地区的电影《刘三姐》很多镜头在此拍摄。电影里，刘三姐在这棵树下向阿牛哥吐露心声，抛出传情绣球。这一"抛绣球定终身"的情景打动了天下许许

阳朔大榕树，位于广西壮族自治区桂林市阳朔县十里画廊景区内

多多的有情人，吸引着很多情侣来这里拍摄婚纱照，情定终身。大榕树，是纯洁爱情的象征，记载了人间的情感历程。

除了被称为"爱情树"，大榕树还被当地人称为"摇钱树"。因为大榕树古老、壮观的奇特景观使得各地游客络绎不绝，推动了当地旅游业的发展。附近许多村民靠吃"旅游饭"过上了富裕生活。大榕树为当地居民带来了可观的经济效益，因此成了名副其实的"摇钱树"。

站在大榕树冠如华盖的巨大树荫下，看着眼前这棵虬根如虹，挺拔苍劲，枝繁叶茂的千年古榕，如同看着一位鹤发童颜、面容安详的百岁老人。细细端详、静静品味，能够感受到这神灵之树如母亲般的安抚和慰籍，使人深深沉浸在这绿色的爱意和温馨之中，尘世间的忧愁与烦恼顿时消失殆尽。

（供稿：广西桂林市森防站）

观古树，赏美景；读故事，品文韵……

古树是画，更像情景剧，它们外在的美、内在深厚的文化底蕴深深刻印在脑海中，令人回味，充满期待……

100 株人文古树，只是我国古树宝库的冰山一角。保护古树健康，挖掘和传承古树蕴含的丰富文化内涵，是每个炎黄儿女义不容辞的责任。愿我们自觉参与保护人文古树，让古树妆点山山水水、田野乡镇，让古树文化愉悦身心、陶冶情操！让古树更好地服务社会，造福人类！